面向服务架构的
软件工程

主 编 邝 砾
副主编 张凌燕 夏莹杰

·长沙·

图书在版编目(CIP)数据

面向服务架构的软件工程 / 邝砾主编. --长沙：
中南大学出版社, 2024.8.
ISBN 978-7-5487-5875-4
Ⅰ. TP311.5
中国国家版本馆 CIP 数据核字第 2024A24V92 号

面向服务架构的软件工程
MIANXIANG FUWU JIAGOU DE RUANJIAN GONGCHENG

主　编　邝　砾
副主编　张凌燕　夏莹杰

□出 版 人	林绵优
□责任编辑	刘小沛
□责任印制	唐　曦
□出版发行	中南大学出版社
	社址：长沙市麓山南路　　　邮编：410083
	发行科电话：0731-88876770　传真：0731-88710482
□印　　装	广东虎彩云印刷有限公司
□开　　本	787 mm×1092 mm 1/16　□印张 10　□字数 246 千字
□版　　次	2024 年 8 月第 1 版　□印次 2024 年 8 月第 1 次印刷
□书　　号	ISBN 978-7-5487-5875-4
□定　　价	42.00 元

图书出现印装问题，请与经销商调换

前 言

近年来，现代服务业在全球范围内得到了快速发展，各主要发达国家产业结构均呈现出由"工业型经济"向"服务型经济"的迅猛转变。当下是我国经济建设的新历史时期，也是现代服务业借助信息化支撑获得快速发展的重大战略机遇期，面向服务架构(service-oriented architecture, SOA)的软件工程得到了前所未有的重视。

本书主要从四个方面展开：①服务计算基础理论：第1~3章介绍服务计算的基础理论，包括SOA基本概念、技术概览、SOA参考架构和SOA设计模式等；②SOA技术基础：第4~6章介绍SOA的相关实现技术，包括Web服务和RESTful API服务的理论基础、服务组合与集成模式等；③SOA应用开发：第7~9章介绍SOA应用开发技术，包括Web服务、RESTful API在各种异构平台上的实现方式及服务组合实现流程等；④面向服务架构的软件工程发展前沿：第10~12章介绍在服务质量预测、服务智能监管、服务数据隐私保护等领域的前沿研究进展。本书的取材大多出自笔者的科研与教学实践，在内容安排上注重理论的系统性和自包含性，同时兼顾实际应用中的各类技术问题。

本书的特色在于：①透彻讲述面向服务架构的软件工程的前世今生、演变过程，既包含服务计算的经典理论，也涵盖服务计算的前沿研究，使读者能够了解服务计算这个研究领域的发展过程及发展动因；②将服务计算理论和实践相结合，通过Web Service、RESTful API等落地的形式，让读者切实地理解服务这个抽象概念的内涵和外延，通过相关开发平台和代码让读者理解服务计算中标准化封装、松耦合、组合等概念的应用及意义；③读者通过本教材，能够深入理解面向服务架构的软件工程的技术体制，熟悉面向服务的系统开发知识与技能，提高实践能力，进一步提升服务学科在整个产业界的影响力。

本书包含了国家重点研发计划项目"服务智能监管共性理论与技术"(项目编号：2022YFF0902500)的研究成果。张凌燕、夏莹杰老师参与了本书的编著，杨海洋、张欢、刘良振、张晗笑、谢琪、王钊文等学生参与了本书章节的整理，在此一并谢过。

邝 砾

2024年8月

目 录

第1章 SOA 概述 (1)

1.1 SOA 的基本概念 (1)
1.1.1 SOA 的定义 (1)
1.1.2 SOA 的基本特征 (2)
1.1.3 SOA 的优势 (2)

1.2 SOA 引入的动因 (3)
1.2.1 需求拉动 (3)
1.2.2 技术推动 (5)

1.3 SOA 技术概览 (6)
1.3.1 SOA 的基本结构及操作 (6)
1.3.2 SOA 技术协议栈 (7)
1.3.3 SOA 核心要素 (9)

1.4 本章小结 (10)

第2章 SOA 参考架构 (12)

2.1 面向服务的体系结构概述 (12)
2.2 面向服务的体系结构的参考架构 (12)
2.2.1 参考架构的基本概念 (13)
2.2.2 基本参考体系结构 (13)
2.2.3 服务分类 (18)
2.3 本章小结 (19)

第3章 SOA 方法学 (21)

3.1 SOA 设计原则 (21)

3.1.1　业务和IT对齐 ……………………………………………………… (21)
　　3.1.2　保持灵活性 …………………………………………………………… (21)
　　3.1.3　松耦合 ………………………………………………………………… (21)
3.2　面向服务的分析和设计方法 …………………………………………………… (22)
　　3.2.1　服务识别 ……………………………………………………………… (22)
　　3.2.2　服务设计 ……………………………………………………………… (23)
　　3.2.3　服务编制与编排 ……………………………………………………… (23)
　　3.2.4　服务实现 ……………………………………………………………… (24)
　　3.2.5　系统配置和运行 ……………………………………………………… (25)
3.3　本章小结 …………………………………………………………………………… (34)

第4章　Web服务基础 ……………………………………………………………… (36)

4.1　Web服务概念 ……………………………………………………………………… (36)
4.2　SOAP协议 ………………………………………………………………………… (37)
　　4.2.1　SOAP概述 …………………………………………………………… (37)
　　4.2.2　SOAP消息结构 ……………………………………………………… (37)
　　4.2.3　SOAP方法 …………………………………………………………… (38)
　　4.2.4　SOAP实例 …………………………………………………………… (40)
4.3　WSDL规范 ………………………………………………………………………… (41)
　　4.3.1　WSDL概述 …………………………………………………………… (41)
　　4.3.2　WSDL文档结构和规范 ……………………………………………… (41)
4.4　UDDI协议 ………………………………………………………………………… (43)
　　4.4.1　UDDI概述 …………………………………………………………… (43)
　　4.4.2　UDDI的信息模型 …………………………………………………… (43)
　　4.4.3　UDDI与WSDL ……………………………………………………… (44)
4.5　本章小结 …………………………………………………………………………… (45)

第5章　RESTful API基础 ………………………………………………………… (46)

5.1　REST概述 ………………………………………………………………………… (46)
　　5.1.1　REST起源 …………………………………………………………… (46)
　　5.1.2　REST设计理念 ……………………………………………………… (46)
　　5.1.3　REST主要约束 ……………………………………………………… (47)
　　5.1.4　REST架构的必要性 ………………………………………………… (48)
5.2　RESTful API设计 ………………………………………………………………… (48)
　　5.2.1　统一接口 ……………………………………………………………… (48)

	5.2.2	资源定位	(50)
	5.2.3	传输格式	(50)
	5.2.4	处理响应	(51)
	5.2.5	内容协商	(51)
5.3	本章小结		(52)

第 6 章 服务组合与集成 (53)

6.1	服务组合与集成		(53)
	6.1.1	服务编排	(53)
	6.1.2	服务协同	(55)
	6.1.3	编排与协同对比	(57)
6.2	服务组合方法		(58)
	6.2.1	静态组合	(58)
	6.2.2	动态组合	(58)
6.3	BPEL 业务流程		(58)
	6.3.1	WS-BPEL 规范	(58)
	6.3.2	WS-BPEL 引擎	(63)
6.4	企业服务总线		(65)
	6.4.1	ESB 的定义和功能	(65)
	6.4.2	ESB 关键技术	(66)
6.5	本章小结		(67)

第 7 章 Web 服务实现 (68)

7.1	Web 服务封装		(68)
	7.1.1	C++系列	(68)
	7.1.2	Java 系列	(69)
	7.1.3	Python 系列	(72)
7.2	Web 服务调用		(73)
	7.2.1	C++系列	(73)
	7.2.2	Java 系列	(75)
	7.2.3	Python 系列	(77)
7.3	本章小结		(77)

第 8 章 RESTful API 实现 (78)

8.1	RESTful API 封装	(78)

  8.1.1 C++系列 ……………………………………………………………………（78）

  8.1.2 Java 系列 …………………………………………………………………（80）

  8.1.3 Python 系列 ………………………………………………………………（89）

 8.2 RESTful API 调用 ………………………………………………………………（94）

  8.2.1 C++系列 ……………………………………………………………………（94）

  8.2.2 Java 系列 …………………………………………………………………（95）

  8.2.3 Python 系列 ………………………………………………………………（99）

 8.3 本章小结 ………………………………………………………………………（101）

第9章 服务组合实现 ……………………………………………………………………（102）

 9.1 利用 Eclipse BPEL Designer 设计流程 …………………………………………（102）

  9.1.1 Eclipse BPEL Designer 的下载安装 ……………………………………（102）

  9.1.2 利用 Eclipse BPEL Designer 设计流程 …………………………………（104）

 9.2 利用 Apache ODE 解析 BPEL 流程 ……………………………………………（113）

  9.2.1 下载安装 ODE ……………………………………………………………（113）

  9.2.2 ODE 解析 BPEL 流程 ……………………………………………………（114）

 9.3 利用 WSO2 Business Process Server 管理流程执行 ……………………………（117）

  9.3.1 设置并启动 BPS …………………………………………………………（117）

  9.3.2 BPEL 流程建模 ……………………………………………………………（117）

  9.3.3 部署和测试 BPEL 流程 …………………………………………………（123）

 9.4 本章小结 ………………………………………………………………………（126）

第10章 服务质量预测 ……………………………………………………………………（127）

 10.1 服务质量预测概述 ……………………………………………………………（127）

  10.1.1 相关定义 …………………………………………………………………（127）

  10.1.2 相关工作 …………………………………………………………………（127）

 10.2 交通流服务预测 ………………………………………………………………（130）

  10.2.1 单步预测 …………………………………………………………………（130）

  10.2.2 多步预测 …………………………………………………………………（132）

 10.3 本章小结 ………………………………………………………………………（133）

第11章 跨领域服务智能监管 ……………………………………………………………（135）

 11.1 服务监管语言概述 ……………………………………………………………（135）

  11.1.1 数字服务监管背景 ………………………………………………………（135）

  11.1.2 服务监管语言 CDSRL ……………………………………………………（136）

11.2 基于LLM的监管语言转换方法 ……………………………………………（138）
　　11.2.1 数据集构建方法 …………………………………………………（138）
　　11.2.2 监管语言转换 ……………………………………………………（139）
11.3 本章小结 ………………………………………………………………（141）

第12章 服务监管数据隐私保护 ……………………………………………（143）

12.1 引言 ……………………………………………………………………（143）
　　12.1.1 问题概述 …………………………………………………………（143）
　　12.1.2 相关技术 …………………………………………………………（144）
12.2 相关工作 ………………………………………………………………（144）
12.3 融合云存储和区块链的服务监管数据隐私保护框架 ………………（145）
　　12.3.1 方案概述 …………………………………………………………（145）
　　12.3.2 监管数据接入规范 ………………………………………………（145）
　　12.3.3 监管数据加密与存储 ……………………………………………（147）
　　12.3.4 基于属性的服务访问控制和链上存证 …………………………（148）
12.4 本章小结 ………………………………………………………………（149）

第1章 SOA 概述

随着信息技术的飞速发展，软件应用在我们日常生活和商业活动中扮演着愈发重要的角色。为了满足不断增长的软件应用需求，软件开发领域也在不断演进。在这个演进过程中，面向服务架构(service-oriented architecture，SOA)作为一种前瞻性的软件设计和开发范式，逐渐引起人们的广泛关注。

1.1 SOA 的基本概念

1.1.1 SOA 的定义

面向服务的架构是一种以服务为核心的软件设计方法。在这个架构中，服务是具有特定结果的业务活动的逻辑表示。每个服务是一个自包含的单元，也可能包含其他服务。对于服务请求者而言，服务就像一个黑匣子，他们只需要关心服务的输入和输出。

1. 服务的特性

SOA 具有外部和内部两个特性：
(1) 外部特性：服务通过显式、独立于具体实现技术的接口表示，为服务请求者提供可调用的功能。
(2) 内部特性：服务封装了可复用的大粒度业务功能，如业务过程、业务活动。

2. SOA 的不同定义

不同的机构和专业组织对 SOA 的定义略有不同：
(1) Gartner 观点：SOA 是一种客户端/服务器软件设计方法，强调构建松耦合的构件，使用独立的标准接口。
(2) W3C 观点：SOA 是一种应用程序架构，将所有功能定义为独立的服务，这些服务带有定义明确的可调用接口，能够形成业务流程。
(3) Service-architecture.com 观点：SOA 是服务的集合，服务之间彼此通信，这种通信可能是简单的数据传送，也可能是两个或多个服务协调进行某些活动。
(4) Looselycoupled.com 观点：SOA 是一种按需连接资源的系统，将资源视为标准的、独立的服务。与传统的系统相比，SOA 系统的关系更为灵活。

3. 综合定义

综合而言，SOA 是以服务为核心的体系结构，将服务视作基本单元，将应用视作一组协同运作的服务。通过定义的接口和协议，SOA 可以按照需要对服务进行分布式部署、组合和使用，以快速、低成本、易于组合的方式创建高度分布式、协同的、动态变化的、跨越组织与计算平台边界的应用程序。

1.1.2 SOA 的基本特征

SOA 作为一种架构方法，具有多项基本特征，对于构建灵活、可维护、互操作性强的系统具有关键作用。

(1) 可重用的服务：鼓励设计可重用的服务单元，降低开发成本，提高系统的可维护性。

(2) 标准化、规范化、开放性的服务接口：使用标准接口（如 Web 服务标准中的 WSDL 和 SOAP）定义服务之间的通信，实现不同平台和技术之间的互操作。

(3) 粗细粒度结合的服务接口：结合粗粒度和细粒度的服务接口，以满足不同的业务需求，提供更大的灵活性。

(4) 服务接口设计管理：管理服务接口设计，确保符合标准和业务需求。

(5) 分级分层的访问模式：支持分级分层的访问，满足系统的安全性需求。

(6) 支持各种消息模式：允许使用多种消息传递模式，满足不同场景下的通信需求。

(7) 松耦合的组合模式：强调服务间的松耦合，确保一个服务变化不会对其他服务产生严重影响。

(8) 精确定义的服务契约：通过精确定义的契约，确保服务之间的交互规范一致。

(9) 随时可用：SOA 服务随时可用，满足即时业务需求。

(10) 通过外部访问调用 SOA：允许外部系统通过标准接口调用和使用 SOA 服务。

1.1.3 SOA 的优势

SOA 的优势主要体现在以下几个方面。

1. 分布式异构系统的集成与互操作

传统的远程方法调用机制难以适应互联网分布式环境，导致信息孤岛和遗留系统问题。SOA 通过将不同技术、运行在不同平台的应用程序进行互联互通，实现了分布式异构系统的高效集成与互操作。例如，在电商平台，订单系统和库存系统可以通过 SOA 实现无缝集成，提高了整体业务效率。

2. 松耦合

传统软件体系结构中构件通过函数调用实现互操作，紧密耦合的关系导致修改一个构件就会影响其他关联构件。SOA 通过将服务接口与服务实现分离，实现了完全的松耦合。从而能够在不影响服务使用者的情况下对服务进行修改，降低了维护难度。举例而言，一个企业服务的更改不会对其他服务产生严重影响。

3. 大数据量低频率访问

在传统分布式计算模型中，多次调用函数容易导致互联网环境下的系统响应速度慢和稳定性差的问题。SOA 采用大数据量方式一次性进行数据交换，确保系统正常工作，尤其在互联网环境中维持高效运行，这种方式在金融系统等需要处理大量数据的领域作用尤为显著。

4. 基于文本的消息传递

SOA 通过基于文本的消息传递方法解决了异构系统间的兼容性问题，避免了传统组建模型中不同语言、平台对数据定义不同导致的困扰，实现了服务间的无缝通信。通过采用通用的文本消息格式，不同系统之间可以更轻松地进行通信，促进了系统的整合。

5. 上下文无关

传统软件体系结构要求在设计阶段考虑构件间的交互关系，即上下文相关。SOA 设计无须考虑服务将来可能被复用的环境，实现了与服务使用者上下文无关的设计。这使得服务更加灵活，并且能够适应不同的应用场景。

6. 粗粒度复用

SOA 的粗粒度复用关注业务过程、业务活动级别，与传统软件体系结构相比，提高了复用率，同时减少了服务使用者和服务层之间的频繁信息交换。通过提供更大粒度的服务，SOA 促进了系统内部的复用，减轻了系统维护的负担。

综合而言，SOA 的优势不仅提升了系统整合和灵活性，同时降低了维护成本，为企业在快速变化的市场中保持竞争力提供了有效的支持。

1.2 SOA 引入的动因

SOA 的引入源于业务需求的拉动和技术发展的促进。本节将详细探讨这两方面对 SOA 引入的动因的影响。

1.2.1 需求拉动

如图 1-1 所示，SOA 引入的需求主要受到集成需求和应变需求的推动。其中集成需求解决信息孤岛和遗留系统问题，包括 Internet 环境下的企业交互和异构系统的集成与互操作；应变需求则是对频繁变化的集成与互操作需求，以适应动态市场环境的变化。

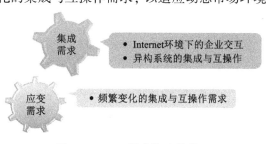

图 1-1 SOA 需求拉动的成因

1. Internet 环境下的企业交互

在竞争激烈的环境中,现代企业迫切需要实现大量频繁的业务交互,以充分发挥各自的竞争优势。这种业务交互需要跨越异构、分布式的系统进行信息交换,即实现互操作。企业信息系统必须能够进行集成与互操作,以支持这种复杂的企业业务交互。例如,如图 1-2 所示,供应商-制造商的业务集成中的订单采购流程,包括创建订单、分析订单、审批订单、创建发票等步骤,要求企业信息系统能够高效协同工作,展现了软件系统之间的集成需求。

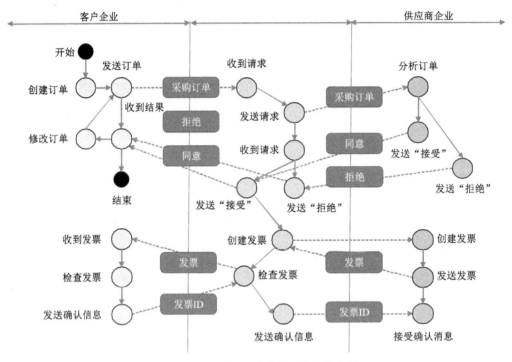

图 1-2 供应商-制造商的业务集成案例

2. 异构系统的集成与互操作

不同企业的信息系统独立开发,可能采用不同的开发平台、语言、软件体系结构以及数据格式,因此具有异构性。这种异构性可能导致系统在交互时出现数据兼容性问题,影响到企业间的业务合作。因此,现代企业需要一种能够有效集成异构系统的方法,以确保消息的可靠传递。

3. 频繁变化的集成与互操作需求

随着计算机和网络技术的发展,现代企业面临不断变化的业务环境。企业需要随需应变的能力,即 IT 系统能够快速、灵活、高效地响应业务变化,使企业能够在动态变化的市场中保持竞争力,这对系统的集成与互操作提出了更高的要求。

1.2.2 技术推动

SOA 技术的推动受到计算环境、软件体系结构和软件工程演变的影响,这三方面的变革共同促进了 SOA 的发展。图 1-3 可视化了计算环境、软件体系结构和软件工程的演变对 SOA 技术的推动。

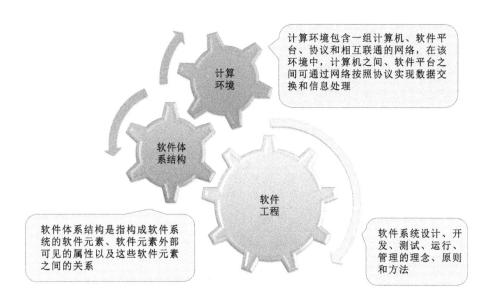

图 1-3 SOA 技术推动的成因

1. 计算环境的演变

计算环境的演变经历了主机时代、客户/服务器计算环境、分布式计算环境以及面向服务的计算环境。

(1) 主机时代:在这个阶段,计算功能和系统组件主要集中在一台主机中,主机之间相互独立,难以共享数据和相互调用功能。

(2) 客户/服务器计算环境:随着个人计算机(PC)的普及,通过局域网连接的不同计算机实现了计算资源和数据资源的分割。客户端和服务端通过网络协议、远程调用或消息等方式协同工作。

(3) 分布式计算环境:基于多层架构和中间件的分布式计算环境满足了更高的可伸缩性和集成需求。中间件用于分割计算资源和数据资源,支持分布式对象、组件和接口之间的交互。

(4) 面向服务的计算环境:随着互联网的发展,开放和标准的网络协议被广泛支持,打破了计算环境内外的交互藩篱。通过 XML、Web 服务技术和标准实现数据和功能的表示与交互,各部分可以采用异构的底层技术,实现基于标准、开放的互联网技术的计算环境,如 XML 描述数据和功能,采用开放的网络握手协议,基于 Web 服务完成互操作。在这个过程中,服务的概念变得更重要,服务使用者通过明确定义的接口调用服务,完成互操作。

2. 软件体系结构的演变

软件体系结构的发展经历了集中式、分布式和面向服务三个阶段。

(1) 集中式软件体系结构：主机时代推动了集中式软件体系结构的发展，其中一台或多台计算机构成中心节点，负责存储和处理系统所有数据。终端只需处理输入和输出。

(2) 分布式软件体系结构：随着 PC 性能的提升和网络技术的普及，企业采用小型机和 PC 服务器构建分布式计算机。分布式系统中的计算机可以随意部署，并通过信息传递连接起来，形成逻辑上的整体，完成业务功能。业务的发展需要对服务进行解耦，将大系统拆分成不同的子系统，通过服务接口进行通信。

(3) 面向服务的软件体系结构：面向服务的软件体系结构的出现标志着一个新时代的开始，结束了整体软件体系结构长达 40 年的"统治"，引领了软件行业的新一轮发展浪潮。

3. 软件工程的演变

软件工程经历了结构化设计、面向对象、面向构件和面向服务四个阶段，每个阶段的出现都引发了一次软件产业的革命。

(1) 结构化设计：20 世纪 60 年代，结构化设计的出现是对结构化程序设计与分析的一场实质性革命。通过模块化和结构化的方法，大大减少了软件开发的复杂性，提高了软件开发的效率。此时主要使用的是过程式编程语言。

(2) 面向对象：20 世纪 80 年代，面向对象技术的兴起是软件开发的又一次革命。面向对象的思想可以更好地模拟现实世界的问题，通过封装、继承和多态等概念，提高了代码的重用性和可维护性。这一时期见证了面向对象编程语言的兴起，如 C++和 Java。

(3) 面向构件：20 世纪 80 年代末至 90 年代末，软件构件技术的兴起标志着软件开发由作坊式生产向工业化生产的转变。构件是可独立开发、部署和维护的软件单元，具有明确定义的接口。这种模块化的方法使得开发者可以更加专注于单个构件的开发，促进了团队协作和代码重用。

(4) 面向服务：21 世纪初至今，面向服务的计算技术(SOC)和面向服务的体系架构(SOA)的出现结束了传统的整体软件体系结构的"统治"。SOA 注重服务的概念，让服务使用者能够通过清晰定义的接口调用服务，从而实现业务功能的解耦。这种服务导向的架构有助于简化系统结构，提高了系统的灵活性和可维护性。SOA 的兴起标志着软件产业迎来了一个新的发展浪潮。

1.3 SOA 技术概览

本节将深入介绍 SOA 相关技术，包括 SOA 的基本结构及操作、技术协议栈以及核心要素。

1.3.1 SOA 的基本结构及操作

SOA 的基本结构涉及服务请求者、服务提供者和服务代理者。图 1-4 展示了这三个角色及其基本操作。

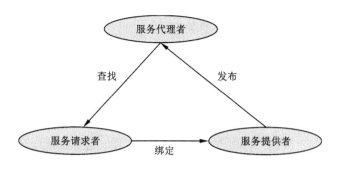

图 1-4　SOA 的基本结构及操作

主要角色：

（1）服务请求者：也称为服务消费者，能够通过服务代理者发现所需的服务，并绑定到这些服务上。企业和其他组织可以通过发现并调用服务注册中心的其他服务，提供商业解决方案。

（2）服务提供者：也称为服务提供商，是软件供应商的角色，主要负责在服务注册中心提供符合平台标准的服务。服务提供者将服务发布到平台代理，供服务请求者使用，并需确保对服务的修改不会影响到服务请求者。

（3）服务代理者：也称为服务注册中心，主要职责是发布服务描述，包括服务接口、待交换数据的名称和格式、支持的通信协议以及服务质量需求。服务代理者类似于一个存储服务信息的数据库，是为服务请求者和服务提供者提供服务消费的平台。此外，服务代理者确保服务提供者的服务符合通用标准，只有在满足标准的情况下，服务才能被服务请求者正常调用。

基本操作：

（1）服务发布：服务提供者向服务代理者发布服务，包括注册功能和访问接口。

（2）服务查找：服务请求者通过检索服务描述或在服务注册中心查询所需服务的类型来查找服务。

（3）服务绑定：是服务请求者和服务提供者之间的交互，包括动态绑定和静态绑定。在动态绑定中，服务请求者通过服务代理者查找所需服务描述并动态地完成服务绑定；在静态绑定中，服务请求者直接与服务提供者达成默契，通过本地文件或其他方式直接绑定服务。

1.3.2　SOA 技术协议栈

技术协议栈是 SOA 体系结构的关键组成部分，通过不同层次上的多种协议，实现面向服务架构的各项功能。

如图 1-5 所示，SOA 技术协议栈可划分为 7 层，即传输层、消息层、描述层、管理层、服务组合层、表示层和发现层。

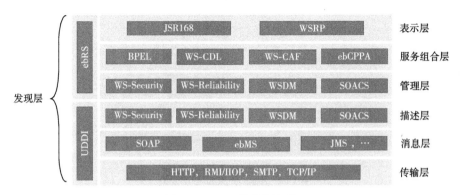

图1-5 SOA技术协议栈

1. 传输层

传输层是协议栈的基础，提供网络通信的底层支持。涉及的协议包括：

（1）HTTP：用于在不同系统之间进行超文本传输，支持Web服务的基本通信。

（2）RMI/IIOP：用于Java的远程对象调用，支持CORBA的远程通信。

（3）SMTP：用于系统之间邮件消息的传递。

（4）TCP/IP：用于在不同网络之间实现信息传递。

2. 消息层

消息层负责定义基于消息的分布式计算相关标准和规范，包括：

（1）SOAP：作为Web服务的消息交换协议，采用XML描述，具有格式简单、语言独立、易于解析和扩展的特点。

（2）ebMS：主要用于电子商务领域，提供了对消息可靠性和安全性的支持。

（3）JMS：适用于对时间敏感且需要大规模数据传递的场景。

3. 描述层

描述层负责定义服务描述的规范，包括：

（1）WSDL：Web服务的基本描述规范，用于支持服务的注册、发现和调用。

（2）WS-Policy：附加了服务的性能和条件政策等信息。

（3）ebRIM：为ebXML设计定义了注册服务器中存储信息的描述规范。

（4）SOA IM：支持多种标准规范服务在SOA框架下的融合，基于XML描述服务，并将生成的协作过程文档存储在UDDI注册服务器或ebXML Registry上。

4. 管理层

管理层处理与服务质量相关的管理问题，包括：

（1）WS-Security：在SOAP协议的基础上增加了安全可靠的消息传输功能。

（2）WS-Reliability：在SOAP协议的基础上提高了消息传输的可靠性。

(3) WSDM：提供了 Web 服务分布式管理规范，支持管理用户、平台、网络和协议框架等对象。

(4) SOA CS：通过调用 SOA IM 信息来管理业务服务。

5. 服务组合层

服务组合层定义了服务构建和服务组合的规范，包括：

(1) BPEL：基于 XML 的用于描述 Web 服务业务流程的可执行语言，支持服务组合的定义过程与执行过程分离。

(2) WS-CDL：适用于域间大粒度服务协作。

(3) WS-CAF：提供易实现易使用的组合服务开放框架。

(4) ebCPPA：定义了基于 XML 的业务逻辑事务规范，以及自动化、可预见的业务组合和协作机制。

6. 表示层

表示层主要应用于 Portal 软件的开发，包括：

(1) JSR168：为基于 Java 技术的 Portal 产品设计了 API，以实现门户服务器和其他 Web 应用程序之间的互操作。

(2) WSRP：定义了如何利用基于 SOAP 的 Web 服务在门户应用程序中生成标记片段的规范，允许门户在页面中显示远程运行的 Portlet，无须门户开发人员进行任何编程。

7. 发现层

发现层负责定义服务资源注册与发现规范，包括：

(1) UDDI：用于 Web 服务的注册和发现，注册内容包括 Web 服务的技术模型和业务模型。

(2) ebRS：用于 ebXML 服务的注册和发现，注册内容包括 XML 模式、业务流程描述、UML 模型、ebXML 核心组件、一般贸易合作伙伴信息及软件组件等。

1.3.3 SOA 核心要素

如图 1-6 所示，在构建灵活可变的 IT 系统的过程中，SOA 的核心要素主要包括标准化封装、复用和松耦合可编排。

1. 标准化封装

在传统的软件体系结构中，中间件仅实现了访问互操作，即通过标准化 API 实现对同类系统的调用互操作，依赖于特定的访问协议，例如 Java 使用的 RMI、CORBA 使用的 IIOP 等。SOA 通过标准协议和 XML 协议实现了连接互操作，一方面，SOA 采用标准的、支持 Internet、与操作系统无关的协议，实现了连接互操作；另一方面，服务的封装采用 XML 协议，具有自解析和自定义的特性，使得基于 SOA 的中间件能够实现语义互操作。

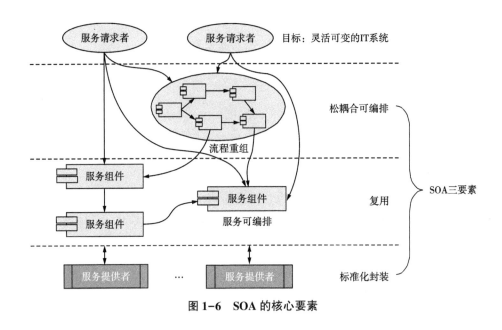

图 1-6　SOA 的核心要素

2. 复用

传统架构的核心是组件对象的管理,但由于构件实现和运行支撑技术之间的异构性,不同技术设计和实现的构件难以直接组装式复用。SOA 以服务为核心,通过服务或服务组件实现更高层次的复用、解耦和互操作。同时,基于标准化封装,SOA 架构中间件通过服务组件之间的组装、编排和重组来实现服务的复用,并实现全球范围内动态可配置的复用。

3. 松耦合可编排

传统软件将网络连接、数据转换和业务逻辑紧密耦合在一个整体中,难以适应变化。SOA 架构通过服务的封装,实现了业务逻辑与网络连接、数据转换等的完全解耦。这种解耦提供了更大的灵活性,使系统能够更好地适应变化,提高了系统的灵活性和适应性。

1.4　本章小结

本章全面介绍了 SOA 的基本概念、技术原理和关键组成部分。首先,深入探讨了 SOA 的概念及其在企业中的应用意义。随后,详细介绍了引入 SOA 的动因,分析了业务需求和技术发展对 SOA 产生的影响。在此基础上,深入了解了 SOA 的基本结构和操作模型,包括服务请求者、服务提供者和服务代理者的角色,以及服务的发布、查找和绑定等基本操作。接着,分析了 SOA 技术协议栈,详细介绍了传输层、消息层、描述层、管理层、服务组合层、表示层和发现层的功能和作用。SOA 通过标准化封装、复用和松耦合可编排等核心要素,旨在构建灵活可变的 IT 系统,提升系统的灵活性和适应性。这一体系结构为企业应对动态市场挑战提供了可行的解决方案,使企业能够更好地适应不断变化的业务环境。

参考文献

[1] ISO/IEC 18384-1-2016. Information technology — Reference Architecture for Service Oriented Architecture (SOA RA) — Part 1: Terminology and concepts for SOA[S].
[2] 任钢. 基于Apache CXF构建SOA应用[M]. 北京：电子工业出版社，2013.
[3] 凌晓东. SOA综述[J]. 计算机应用与软件，2007，24(10)：122-124.
[4] 李春旺. SOA标准规范体系研究[J]. 现代图书情报技术，2007(5)：2-6.

第 2 章　SOA 参考架构

2.1　面向服务的体系结构概述

在构建灵活、可维护的 IT 系统中，SOA 作为一种战略性的信息技术方法，旨在将企业中的分散功能组织成基于标准的互操作服务。在实际实现中，SOA 是一个组件模型，通过定义良好的服务接口将应用程序的不同功能单元(服务)关联在一起。这些接口与实现服务的硬件平台、操作系统和编程语言无关，具有松耦合的特性。

在 20 世纪 90 年代末 SOA 出现之前，开发人员将应用程序连接到另一个系统时需要进行复杂的点对点集成，导致每个新开发项目都需要重新创建集成，降低了企业的开发效率，难以重用已有的程序。为解决这一问题，SOA 应运而生。

SOA 的核心目标在于通过服务接口使软件组件可重用。它将执行完整、离散的业务功能所需的代码和数据集成为一个具有松耦合特性的服务接口。通过通用的通信标准，可以在对服务实现细节了解得很少的情况下调用这些服务接口，并将它们快速合并到新的应用程序中。

SOA 旨在赋予信息技术系统更大的弹性，使其更灵活、更快速地适应企业业务需求的不断变化。SOA 的出现解决了软件领域长期以来存在的"如何重用软件功能"的问题。将 SOA 作为构建信息平台的方法被认为是未来的发展方向，为企业带来了诸多好处：

(1)更高的业务敏捷性：SOA 的核心是通过可重复使用的服务接口组装应用程序，而不是每次都重新编写和集成。这提高了开发人员构建应用程序的效率，使其能够更迅速地响应新的商机，加快产品上市。

(2)在新市场中利用已有功能：精心设计的 SOA 能使开发人员轻松地将功能"锁定"在一个计算平台或环境，并方便地将其扩展部署到新的环境中。这使得企业能够更灵活地利用已有的功能，适应不同的业务需求和市场机会。

(3)改善业务与信息技术之间的协作：在 SOA 中，可以按照业务术语定义服务，促进业务分析师与开发人员更有效地合作，特别在关键的需求定义方面。这种协作改进了业务和信息技术之间的沟通，有望带来更好的业务结果。

通过实现这些目标和优势，SOA 为企业提供了一种创新的方法，使其能够更好地适应不断变化的商业环境，提高系统的灵活性和可维护性。

2.2　面向服务的体系结构的参考架构

SOA 的实施通常需要与用户业务需求紧密结合，并经过大量的研究和实践总结，形成一系列合理可行的原则。本节将介绍 2016 年的国际标准 ISO/IEC 18384—2016 提倡的 SOA 参考架构标准。

2.2.1 参考架构的基本概念

参考模型是一个抽象的框架，有助于理解实体之间的关系，并为具体架构的开发提供一致的标准。它通常包含某个领域中概念、公理和关系的最小集合，不依赖于具体的技术、实现或其他细节。在信息系统解决方案中，SOA作为一种实现方式被广泛采用，但在不同的产品和解决方案中应用的SOA的标准、方法和技术不同。

为了提高解决方案的标准化和质量，ISO/IEC 18384—2016标准为SOA服务领域建立了一组通用技术原则、标准参考体系结构和基于最佳实践和经验的公共服务类。SOA基本参考架构涵盖了两个互补部分：

（1）SOA解决方案的基本参考体系结构：列举了SOA解决方案或解决方案的企业体系结构标准的基本元素，通过指定支持这些功能实现的功能和体系结构构建块，为解决方案提供体系结构基础。

（2）一组公共服务类型或类别：通过标准服务分类方案将服务按照所执行的属性（如功能或目的）进行分类。

这两个部分包括了业务开发、部署和操作面向服务的解决方案所需的所有逻辑和物理设计和运行时所需的组件。

2.2.2 基本参考体系结构

SOA基本参考体系结构包括10个层次，代表在设计SOA解决方案或定义企业体系结构标准时的10个关键考虑事项和任务分类。图2-1列举了SOA解决方案的体系结构通用标准的基本元素及其连接关系。这些基本元素包括操作和信息技术系统层、服务组件层、服务层、流程层、消费者层、集成面层、管理及安全面层、信息面层、治理面层、开发面层。这些层次的详细说明如下。

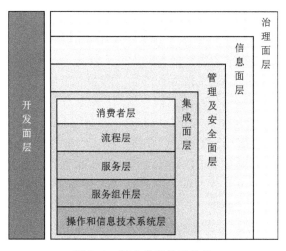

图2-1 基本参考体系结构

1. 操作和信息技术系统层

操作和信息技术系统层负责获取并组织 SOA 解决方案在设计、部署以及运行时所需的基础设施，包括运行以及托管 SOA 及其组件所需的硬件、支持服务、数据和应用系统的资源，以及支持和托管服务功能所需的所有其他服务。该层提供操作系统的构建块，包括运行时托管、基础设施服务、基础设施虚拟化和功能交付支持等功能。现有的软件系统，如事务处理系统、数据库、软件包应用程序、Web 服务的访问、对现有业务服务的访问、IT 基础设施、企业应用集成系统、提供特定业务功能的应用系统资源等，都可以看作这一层的组成部分。

2. 服务组件层

服务组件层包含了能够提供部分服务功能的子服务，被称为服务组件。这些组件有助于开发者快速实现一个或多个服务的功能或技术组件。每个服务组件通过将其功能、管理和服务交互质量结合起来，反映了它们所代表的服务的定义。服务组件通过将服务接口绑定到操作和信息技术系统层的服务实现中，确保了信息技术实现与服务描述的一致性。服务组件层的特点包括实现一个或多个服务、提供一个基本的实施基线以确保服务的质量和水平、通过隐藏来自服务消费者的实现细节来增强系统的解耦性、根据服务的需要部署技术、包含于特定业务的逻辑等。这一层通过服务的封装和服务间的松耦合实现了更高的灵活性，同时具备关注点分离的优势，使服务消费者和提供者能够独立地操作和演进。

3. 服务层

服务层包含所有服务的逻辑表示，是包含业务功能、服务和信息技术的表现，以及服务运行时的交互描述的集合。该层为 SOA 提供支持的业务功能，并描述了服务的功能特性。服务描述是由服务提供者提供的，为服务消费者提供调用公开的业务功能所需的信息。理想情况下，服务层应独立于平台。服务描述可能包括服务提供的抽象功能的描述、政策文件和 SOA 管理描述。服务在服务层中可能会互相引用，形成重要的继承/前驱关系。服务的实际实现由服务组件或现有的企业应用程序负责，而操作和信息技术系统层支持服务的运行环境。服务层的主要功能包括提供能执行业务功能并实现业务结果的功能或服务、定义和指定支持"服务"能力的服务描述，以及支持服务的运行和服务虚拟化。

4. 流程层

流程层涵盖了流程的表示、组合方法以及将松耦合的服务按一定步骤序列聚合为与业务目标一致的构建块的机制。数据流和控制流支持所有的服务和业务流程组合之间的交互，可以存在于一个企业内部或多个企业之间。业务功能需要通过执行一个或多个业务流程来实现。这些业务流程可以通过服务组合(例如编排、编排或协作)实现，将服务组合演化为流(例如将服务打包为流的编排)，通过协同建立起 SOA 解决方案以支持特定的用例和业务流程。

流程层涉及参与者(服务提供者，服务请求者)和信息交换流。业务逻辑用于根据业务规则、策略和其他业务需求将服务流形成任务并安排信息交换流程。该层执行三维的流程级别的处理：自顶向下、自底向上和水平方向。自顶向下，即该层提供将业务需求分解为组成活动流的任务的功能，每个任务都由现有的业务流程、服务和服务组件来实现；自底向上，即该层提供将现有业务流程、服务和服务组件组合成新的业务流程/新服务的工具；水平方向上，即该层提供业务流程、服务和服务组件之间的面向服务的协作控制。

总体而言，SOA 参考体系结构中的流程层在连接业务需求和信息技术解决方案的组件层扮演着中心协调角色，通过与集成、管理和安全方面、信息方面、治理方面和服务层的协作，形成 SOA 解决方案。

5. 消费者层

消费者层是使用者(人或 SOA 解决方案)与 SOA 解决方案生态系统交互的关键点。该层使 SOA 解决方案能够支持独立于客户端、通过一个或多个渠道(客户端平台和设备)使用和呈现的功能集合。在本章节的讨论中，可以将渠道看作 SOA 消费者通过 SOA 访问服务的平台。如前端和交互式语音响应(IVR)系统，都可以利用 SOA 中的相同核心功能。因此，消费者层是所有内部和外部交互使用者(包括充当消费者的服务)连接服务的入口。

消费者层通常表现为接收请求并返回响应的用户界面。该用户界面可以使用户自定义首选项，并与消费者渠道集成，如 PC 客户端等，同时公开其服务功能。用户界面提供消费者层可见的部分功能，但消费者层还可以合并由策略或业务结果的期望所隐含的其他业务流程。例如，消费者层可能保证服务请求的安全性，并通过与其他方面的协作将安全性保障引入 SOA 上下文中。对于其他服务或 SOA 解决方案的消费者，消费者层指向一致的服务接口，这些服务接口可能指向一些其他业务流程应用的组件，例如管理与安全面层的安全与服务质量组件。

消费者层提供了快速响应业务需求变化的能力，可以为业务流程和其他服务组合创建前端。这个"前端"可以是一个新的服务接口，也可以是一个新的用户接口，或者它们之间的合理组合，支持对大量应用程序和平台所支持的业务流程进行多渠道独立访问。

6. 集成面层

集成面层通过匹配服务请求和服务实现来支持请求和具体提供者之间的松耦合。这种松耦合不仅包括处理协议、绑定、位置或平台的技术松耦合，还包括执行所需的业务语义适配的业务松耦合。

集成面层支持多种功能集，以克服服务接口的结构和语义不匹配问题。例如，路由包括服务交互和服务虚拟化；传输功能包括服务消息传递和消息处理。可以将其视为连接 SOA 解决方案的渠道。集成面层支持在服务请求者和服务提供者之间执行中介的功能，例如转换、路由和协议转换。这种支持异构环境、适配器、服务交互、服务支持、服务虚拟化、服务消息传递、消息处理和转换的功能，使得 SOA 可以在多个面向客户的渠道上一致地公开服务，如 Web、IVR、CRM 客户端等。响应到 HTML(用于 Web)、语音 XML(用于 IVR)或 XML 字符串的转换可以通过集成面的中介服务支持的 XSLT 功能来完成。

7. 管理及安全面层

管理及安全面在 SOA 解决方案中扮演着处理非功能性需求（NFR）的核心角色。其着重于确保解决方案在给定条件下的可靠性、可用性、可管理性、事务性、可维护性、可伸缩性、安全性、安全生命周期、审计和日志记录等。该层提供维护和确保"服务质量（QOS）"的功能，致力于以下关键任务：

（1）解决方案管理：确保解决方案的全方位管理，包括可用性、可靠性、安全性和质量控制。这涉及监测、支持、追踪解决方案的各个方面，以保证其持续满足业务需求。

（2）策略和规则执行：监视和执行各种策略及其相应业务规则，如业务级策略、安全策略和访问控制规则等。这确保了解决方案在运行时遵循预先定义的策略，以维护系统的安全性和稳定性。

（3）事件触发：监控系统状态、及时检测并响应任何不符合条件的事件。这种机制使系统能够迅速处理异常情况，确保业务流程的连续性和稳定性。

（4）生命周期支持：提供全生命周期支持，确保在服务和解决方案的设计、开发、部署和维护过程中，所有策略、NFRs 和治理规定都得到适当的执行和管理。

（5）监控和管理：实时监控和管理解决方案的可用性和安全性，以及满足业务需求的程度。这包括业务级别和技术级别的监控，以及对服务和系统的管理。

（6）性能指标监视：从操作的角度监视并获取服务和解决方案的性能指标，以便及时发现和解决任何不符合服务质量和策略要求的问题。这种功能有助于提高服务的信任度和可靠性。

管理及安全面层还涉及一系列安全管理功能，包括：

（1）安全管理：管理和监视安全解决方案，确保各个组件和服务受到适当的保护。这包括数据保护、身份验证和授权管理等措施，以防止未经授权的访问和数据泄露。

（2）设施安全管理：提供中心化的管理和监控措施，确保整个解决方案的安全性。这包括对物理资产的保护，如设施、设备、资源等。

管理及安全面层旨在确保 SOA 解决方案在复杂环境中安全可靠地运行，适应变化，并保持对业务需求的敏感性。

8. 信息面层

信息面层涉及信息架构、业务分析和智能化，以及元数据管理。其主要目标是构建信息体系结构，为业务分析和智能化提供支持。该层提供存储库和功能，用于存储元数据内容，并支持信息服务能力体系结构的建立，作为业务分析和业务智能的基础。

信息面层支持以下功能：

（1）信息服务能力支持：支持数据的共享、公共和一致的表达，确保信息在整个组织内的一致性和可访问性。

（2）跨组织信息整合：能够整合来自不同组织领域的信息，促进跨组织间的有效沟通和协作。

（3）元数据定义：定义用于跨 SOA 参考架构使用的元数据，尤其是跨层共享的元数据，以确保各层之间的信息一致性和互操作性。

(4)信息安全保护:通过与管理和安全方面的交互,实现信息的安全保护,确保信息的机密性、完整性和可用性。

(5)业务活动监视:支持业务活动监视的能力,对参考架构(reference architecture,RA)的使用及其实现至关重要,可以及时发现并解决潜在问题,保障业务运行的稳定性和可靠性。

信息面层的建立和运作对于组织内外部的信息流动和共享至关重要,它为业务决策和运营提供了可靠的信息基础,并为业务的持续改进和创新提供了重要支持。

9. 治理面层

治理面层定义了策略、指导方针、标准和流程,以确保服务和 SOA 解决方案与业务需求保持一致。该层提供了基于 ISO/IEC 17998 的可扩展的、灵活的 SOA 治理框架,以支持业务和信息技术的一致性。

治理层支持以下功能:

(1)确定服务水平协议:确定服务的质量要求和绩效指标,以确保服务符合预期的质量标准。

(2)定义能力和绩效管理策略:定义和实施服务能力和绩效的管理策略,以确保它们能够有效地支持业务需求。

(3)添加设计阶段关注点:在设计阶段考虑业务规则等关注点,以确保服务和解决方案的设计与业务需求相一致。

治理面层需要实现管理对象的存储与访问,配置、管理与执行治理规则等功能。该层支持定义策略、顺应性和异常特征,监视 SOA 服务、解决方案和治理的运行状况,识别报告符合性、异常、服务运行状况和版本的指标,并将业务规则合并到治理结构中,以确保系统的合规性和有效性。

10. 开发面层

开发面层涵盖了所有需要开发和更改的 SOA 服务和实现解决方案的组件和产品,包括操作信息技术系统层、服务组件层、服务层、流程层和横切面层。

开发面层支持以下功能:

(1)服务构建环境:提供开发、配置、调试和测试服务的构建过程所需的适当环境,以确保服务和功能的正确实现。

(2)测试:从单点测试到操作环境或生态系统中的测试,确保服务和 SOA 解决方案的质量,包括功能和性能方面的测试。

(3)连续测试监控:通过与监控协调,有效地提供整个运行周期的连续测试,以及对服务实现的持续改进和优化。

(4)服务封装:对现有应用系统或数据资源进行服务封装,使其能够支持服务的后期绑定,从而促进松耦合和达到更好的可重用性。

(5)资源重用:通过重用现有资源,提高效率和降低开发成本,同时确保开发过程中的一致性和可靠性。

2.2.3 服务分类

在面向服务的体系结构中,服务是一个核心概念。我们根据服务执行的属性(如功能和目的)制订了一个标准的服务分类方案。如图 2-2 所示,列出了一系列特定领域和非特定领域的服务分类,其中深色框内的服务类别被视为特定领域的,其实现是领域定制的;而白色框内的服务类别被认为是领域独立的,其可以直接在多个领域或解决方案中使用,具有通用性。

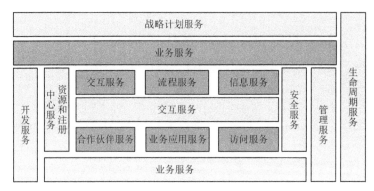

图 2-2 服务分类图

以下是服务类别的详细信息:

(1)中介服务:提供连接服务消费者和服务提供者的功能,通过网络传输和路由请求满足业务目标;

(2)交互服务:提供业务设计的逻辑表示,支持其他解决方案与最终用户之间的交互;

(3)流程服务:执行各种形式的组合逻辑(如业务处理流)的服务;

(4)信息服务:包含业务解决方案的数据逻辑,包括提供对业务持久数据的访问、支持数据组合,并管理跨组织数据流;

(5)访问服务:封装适配器以将遗留功能和新功能集成到 SOA 解决方案中,包括包装或扩展现有逻辑,更好地满足业务功能设计的需求;

(6)安全服务:提供 SOA 存在的威胁保护,如确保服务消费者和服务提供者之间的交互安全等;

(7)合作伙伴服务:支持业务伙伴之间自定义交互的服务;

(8)生命周期服务:管理 SOA 解决方案生命周期的服务,支持在开发、部署和维护组件等各个阶段的持续改进与优化;

(9)资产和注册中心/存储库服务:管理并提供对存储在配置管理数据库、注册中心和存储库中的信息资产进行访问的服务;

(10)基础设施服务:提供构建和运行 SOA 解决方案所需的核心信息技术环境的服务;

(11)管理服务:表示一组用于监视指标、服务流、底层系统的运行状况、服务目标的实现、管理策略的实施和故障恢复的管理工具的服务;

(12)开发服务:包括架构工具、建模工具、开发工具、可视化组合工具的整个套件,支持服务和 SOA 解决方案的设计、开发、测试和部署；

（13）战略和计划服务：支持创建远景、蓝图和过渡计划以改善业务成果的服务；

（14）业务应用程序服务：实现核心业务逻辑的服务类别，这些服务实现是在业务模型中专门创建的；

（15）业务服务：获取业务功能并提供给外部使用者的服务，通常称为高级别或粗粒度服务。

将上述服务类别与基础架构结合起来，得到一个标准的 SOA 参考架构，如图 2-3 所示。

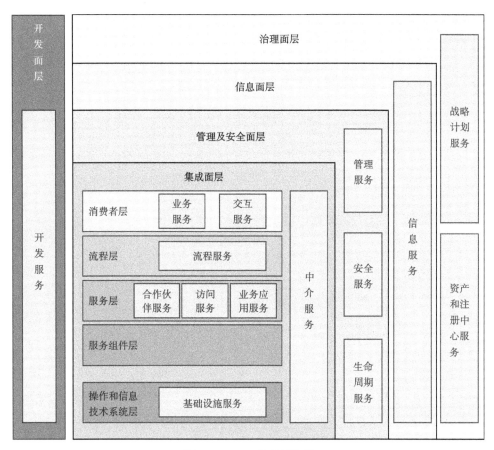

图 2-3 SOA 参考架构图

2.3 本章小结

本章全面介绍了 SOA 参考架构的核心概念和服务分类方案。首先，明确指出了服务在体系结构中的关键作用，强调了 SOA 通过将系统划分为松耦合的服务，实现了业务功能的可重用性和共享性。其次，详细介绍了 SOA 解决方案的体系结构通用标准的基本元素及其连接关系，包括操作和信息技术系统层、服务组件层、服务层、流程层等。随后，深入探讨了服务分类方案，并对每种服务进行了详细说明，例如中介服务、交互服务、流程服务等。这些服务分类涵盖了面向服务的体系结构中的各个关键领域，并为架构师理解和选择适用于其解决方案的服务类型提供了参考。最后，强调了将服务类别与基础架构相结合的重要性，并展示了一个标准的参考架构图，以便读者更好地理解服务分类方案在实际架构设计中的应用。通过本章的学习，读者对面向服务的体系结构的核心概念和服务分类方案有了更深入的理解，并能够更好地运用这些概念来设计和构建复杂的解决方案。

参考文献

[1] ISO/IEC 18384-2：2016（E）. Information technology — Reference Architecture for Service Oriented Architecture（SOA RA）— Part 2：Reference Architecture for SOA Solutions[S].

第 3 章 SOA 方法学

3.1 SOA 设计原则

3.1.1 业务和 IT 对齐

确保业务和 IT 的协调对企业至关重要，直接关系到 IT 系统能否有效支持业务流程。传统的 IT 系统设计往往只关注应用程序本身，缺乏对业务流程全面支持的能力。在传统方法中，每个阶段的核心概念各不相同，例如，在分析阶段，用例是核心概念；在设计阶段，组件和对象等是核心概念。这种核心概念的差异导致 IT 系统生命周期中的各个阶段彼此有所不同。这种不同导致了 IT 与业务的闭环中处于被动的位置。为了解决这一问题，SOA 设计方法将服务作为各个阶段的核心概念，强调业务和 IT 的协同，通过服务契约规范化服务的参与方职责，从而提高 IT 系统的灵活性和响应速度。

3.1.2 保持灵活性

在实现 SOA 的过程中，保持系统的灵活性至关重要。尽管 SOA 的目标是使 IT 系统能够灵活适应不断变化的业务需求，但仅仅通过服务定义层次是不够的。我们需要确保在设计和构建 SOA 过程的每个阶段都具备灵活性，或者说为了灵活性而进行设计和构建。

为了实现这种灵活性，有两种常用的方法：

(1) 设计粗粒度和抽象的服务：一些服务可能因具体用户的调用方式和服务提供者的不同而存在差异，但它们的核心业务逻辑基本类似。针对这种情况，可以通过设计粗粒度的服务，并且使用抽象的方法来满足各种调用类型。这样的设计使得服务更通用，能够适应不同的使用场景，提高了系统的灵活性。

(2) 将适当的服务进行组合：如图 3-1 所示，普通订单服务和 VIP 订单服务可能在核心业务逻辑上存在差异，但它们都建立在一组公共的业务逻辑上。这种情况下，可以将服务相互组合，创建各种粒度的服务，使它们能够涵盖子系统的功能和性能。当业务需求发生变化时，可以通过不同的服务组合来满足新的需求，而不必重新设计和开发整个系统。

3.1.3 松耦合

松耦合是 SOA 的重要原则之一，旨在降低服务之间的依赖性，从而提高系统的灵活性和可维护性。SOA 通过将应用程序体系拆分为自治子系统，即服务，实现了松耦合的设计。这意味着每个服务在使用其他服务的信息和功能时都能保持独立性，不会过度依赖其他服务的内部实现细节。松耦合的设计原则遵循了软件工程中的模块或组件设计原则，即将具有高度

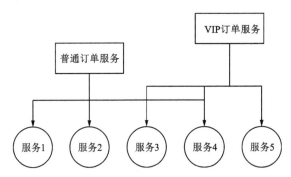

图 3-1 将服务进行组合以完成不同的业务逻辑

内聚性的功能或资源以一种方式组合在一起,使它们对其他子系统的逻辑依赖性尽可能降低。这样的设计使得系统更易于理解、扩展和维护,因为各个服务之间的耦合度降低,修改一个服务不会对其他服务产生过多的影响。通过遵循松耦合的设计原则,SOA 能够更好地应对业务需求的变化,同时提高系统的可靠性和可用性。

3.2 面向服务的分析和设计方法

3.2.1 服务识别

服务识别是面向服务开发生命周期中的第一步,对整个分析建模过程至关重要。在服务识别阶段,需要从多个角度考虑,并结合特定的项目类型进行考量。由于服务识别的错误可能会对后续的服务设计和实现过程产生影响,因此在构建复杂应用程序时,特别需要进行多次迭代。

在服务识别过程中,通常采用两种方法:

1. 自顶向下方法

(1) 业务流程驱动:推荐在企业级的 SOA 活动中采用此方法。通过价值链分析和深入的业务流程分析,从业务和 IT 角度理解关键、非关键和支持功能。该方法基于具体的业务流程进行价值链分析,包括理解和捕捉广泛的功能域及其相互作用、绘制准确的业务流程图、将业务流程分解为一系列子流程等步骤,从而确定高优先级的候选服务,并建立从原有流程到 IT 系统的映射。

(2) 用例驱动:适用于部署范围广泛的项目,其流程从用例出发进行服务识别。尽管业务流程可能已存在,但通常还是从传统开发流程生命周期中的用例文档开始。在这种情况下,需要对常用功能场景和子系统进行用例分析,以确定初始服务列表。

2. 自底向上方法

自底向上的方法适用于进行企业级应用程序组合分析、评估的可重用的和冗余的工作。这种方法通常针对冗余的业务逻辑、大量业务数据实体的副本,或者用多个产品实现相同的业务逻辑等问题，运营和维护成本巨大。

3.2.2 服务设计

服务设计是服务迭代过程中的关键一环。在初次服务识别迭代后，确定了一些有价值的服务，接下来的挑战是如何设计和开发这些服务。本节将深入探讨服务设计原则，以指导新服务的设计和现有服务的分析。

服务设计内容包括以下几个方面：

(1)定义服务提供的功能。

(2)接口设计，包括接口功能、接口参数、返回值和测试用例的设计。

(3)服务契约设计，包括定义服务的使用者、操作、频率、负载处理能力和相关的服务质量属性。

在服务设计过程中，需要遵循以下原则：

(1)提供价值：确保服务能够为某人或某事提供价值，否则设计的可能只是服务的一部分，而不是完整的服务。

(2)有意义：保证服务接口对消费者有意义，避免过于抽象或复杂，以提高易用性。

(3)实现隐藏：将实现细节隐藏，使其成为一个可理解的黑盒子，消费者只需关注服务的契约和接口。

(4)可信性：确保服务具有准确性和可靠性，使消费者对所消费的服务具有信心。

(5)可预测性：保证具有相同输入的服务操作的多次调用应产生相同的结果，使服务的行为可预测。

(6)隔离性：确保服务操作独立于其他服务，任何一个操作的更改都不应该导致其他与其紧密耦合的操作的变更，以保持操作的灵活性。

良好的服务设计原则能够确保服务在所构建的架构中提供业务价值，而不当的服务设计可能导致架构对业务无益。因此，这些设计原则能够帮助服务提供商创建高度可用的服务，并协助服务消费者评估其所使用或欲使用的服务的设计合理性。

3.2.3 服务编制与编排

在SOA中，服务编制与编排是实现松耦合分布式服务的关键方法。尽管SOA采用了一系列基本核心标准(如XML、WSDL、SOAP等)来促进服务互操作性，但这些标准未提供单个服务在大型复杂协作中的详细角色描述。为了实现服务之间的协作，通常需要使用工作流技术。根据工作流管理联盟的定义，工作流是整个或部分业务流程的自动化，涉及文档、信息或任务从一个参与者(资源、人或机器)转移到另一个参与者的任务。可以从以下两个角度描述工作流：

(1)服务编制(service orchestration)：服务编制允许服务以预定义模式组合，使用编制语言描述，并在编制引擎上执行。它从单个参与者的角度描述，其中一个中心进程充当所涉及服务的控制器。服务编制语言如业务流程执行语言(BPEL)，通过识别消息、分支逻辑和调用序列明确描述网络服务之间的交互。

(2)服务编排(service choreography)：与服务编制不同，服务编排具有更强的协作性，描述了服务之间的外部相互作用，不依赖于中央协调者。每个服务知道何时执行操作以及与谁进行交互。服务编排强调消息交换，并在服务设计时用于确保一组对等服务之间的全局互操作性。服务编排的关键模型包括交互模型和互连模型。交互模型将原子性服务的相互作用作为基本构建模块，从全局角度定义了控制流和数据流。互连模型在每个参与者基础上定义控制流，通过控制流来连接发送和接收活动节点，以表示活动之间的交互。网络服务编排描述语言(WS-CDL)是交互模型的 XML 语言，用于描述多个需要交互的服务的共同协作行为，以实现共同目标。

总体而言，服务编制和服务编排是两种不同的设计方法。服务编制描述服务之间的流程顺序，是自下而上的设计方法；而服务编排关注多方消息序列，是自上而下的设计方法。选择使用哪种方法取决于具体需求和项目上下文。

3.2.4 服务实现

SOA 可视为与任何技术平台无关的体系结构模型，是一个重要的概念。这意味着用户可以根据当前技术优势选择不同的服务实现方式，以实现 SOA 的目标。目前，有以下三种服务实现方式：

(1) 组件即服务：组件是为分布式系统设计的软件程序的一部分，提供类似于传统应用程序编程接口(API)的接口。组件允许其他程序直接调用其功能，就像调用普通的方法一样，这些方法是公开的，可以被其他程序调用。如图 3-2 所示，左侧的示意图表示通用组件，可能设计为服务，也可能不是，而右侧示意图明确标记为服务。组件通常依赖于特定平台的开发和运行时的技术，如 Java 或 .NET，当它们部署到运行环境时，需要满足相应的组件通信技术需求。

图 3-2 组件的表示

(2) Web 服务：Web 服务提供了物理解耦的技术契约，包括 WSDL 定义、一个或多个 XML 模式定义以及可能的 WS-Policy 表达式。Web 服务契约将公共功能或方法公开为操作，建立了一个接口。如图 3-3 所示，典型的网络服务架构包含服务契约、组件和由事件驱动的代理组成的消息处理逻辑。Web 服务提供技术中立性，独立于供应商，使用服务契约进行物理解耦，符合面向服务的设计目标。

(3) REST 服务：表述性状态转移(representational state transfer, REST)是一种基于资源的分布式系统实现方法，设计侧重于简单性、可伸缩性和可用性。REST 服务可以通过应用面向服务的原则进一步成形，符合 REST 的约束条件和原则的架构称为 RESTful 架构。

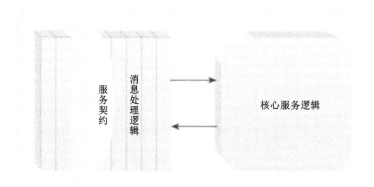

图 3-3 网络服务架构

3.2.5 系统配置和运行

本节将在 IntelliJ IDEA 开发平台上，演示如何进行 Web Service 的封装、发布及调用。以下以 Windows 10 操作系统为例，配置 Web Service 的系统环境，包括 IntelliJ IDEA 2019.3.1、Apache Tomcat/8.5.32 以及 Java 1.8.0。具体的配置步骤如下：

第一步，创建 Web Service 项目。

（1）打开 Intellij IDEA 开发工具，依次点击 File→New→Project（如图 3-4 所示）。

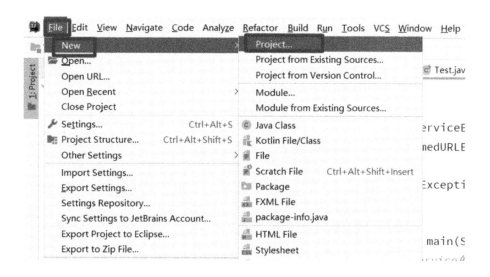

图 3-4 创建项目面板

(2)选择使用 Apache Axis 创建一个 Web Service 项目,最后点击 Next(如图 3-5 所示)。

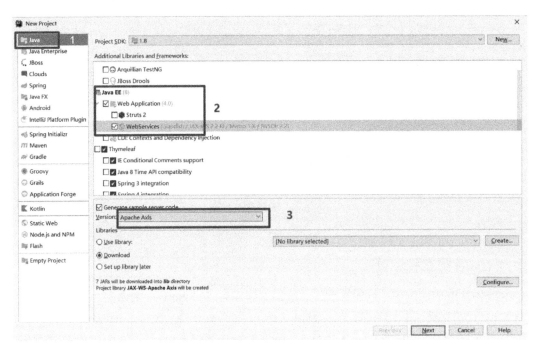

图 3-5 创建 Web Service 项目

(3)输入项目名称,点击 Finish,IDEA 将自动下载相应的 Axis 依赖包。项目结构目录如图 3-6 所示。

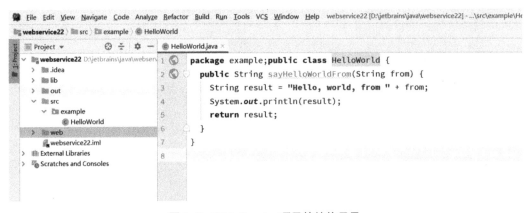

图 3-6 Web Service 项目的结构目录

第二步，配置 Tomcat。

(1)点击 IDEA 中右上角的 Add Configuration(如图 3-7 所示)。

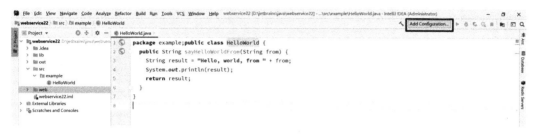

图 3-7　Add Configuration 按钮

(2)点击添加 Tomcat(如图 3-8 所示)。

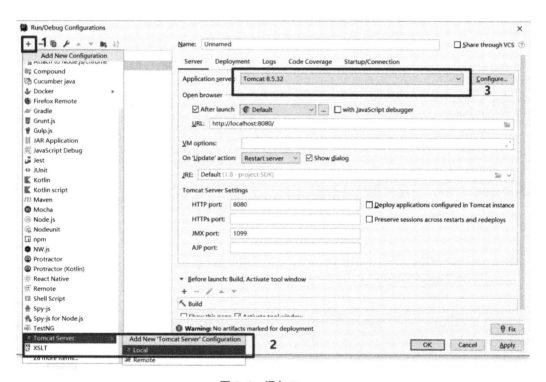

图 3-8　添加 Tomcat

(3)配置好 Tomcat 后，依次点击 File→Project Structure，进入项目结构配置。

(4)在项目结构配置中，选择左侧的 Artifacts，然后点击右下角的 Fix，选择第一个 Add(如图 3-9 所示)。至此 Web Service 的创建配置完成。

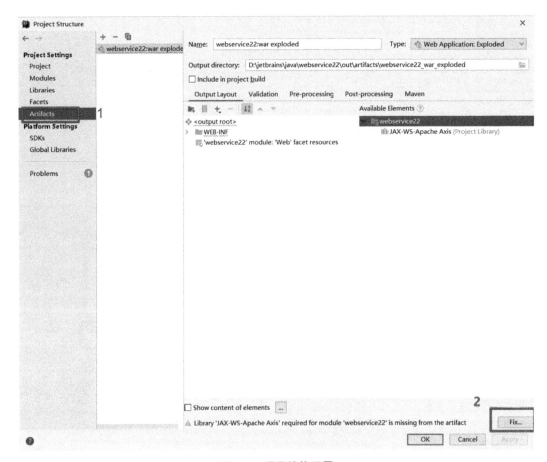

图 3-9　项目结构配置

第三步，运行测试。
(1)点击黑色箭头，运行 Tomcat(如图 3-10 所示)。

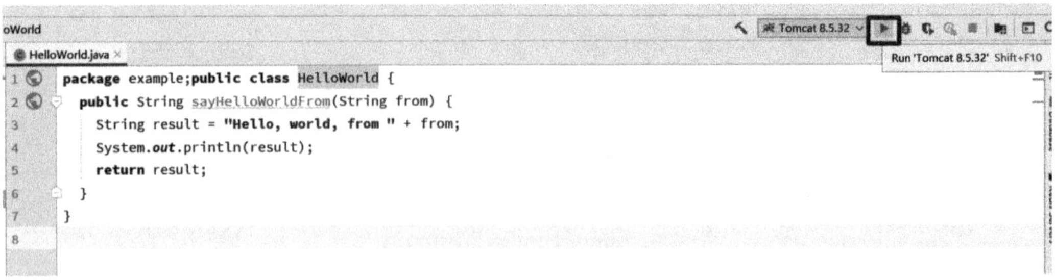

图 3-10　点击运行 Tomcat

（2）在浏览器地址栏中输入 http://localhost:8180/WebServiceDemo/services，确认显示结果如图 3-11 所示，即表示运行成功。

图 3-11　Tomcat 运行结果

（3）点击 HelloWorld(WSDL)，查看详细内容（如图 3-12 所示）。

图 3-12　HelloWorld(WSDL) 的详细内容

第四步，创建新的 Web Service。

(1)在项目目录中对 example 点击右键，选择 New→Create Web Service(如图 3-13 所示)。

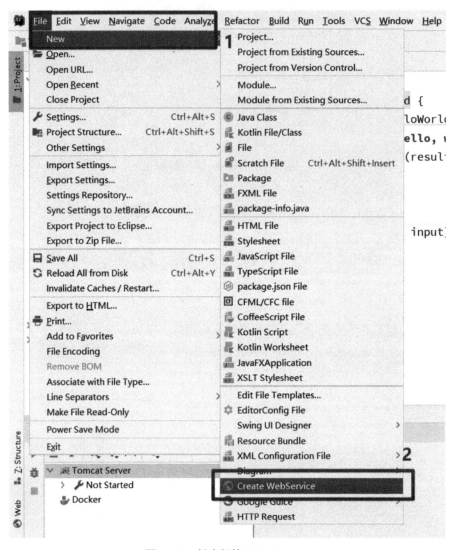

图 3-13　创建新的 Web Service

(2)输入 Web Service 名称，例如 Calculation，并编写数值运算的代码(如自增、自减、翻倍和乘方等)。

(3)重新启动 Tomcat，在网页中运行，新增的 Web Service 应能显示在页面上(如图 3-14 所示)。

(4)点击新增服务的 WSDL，查看详细内容(如图 3-15 所示)。

图 3-14　显示新增的 Web Service

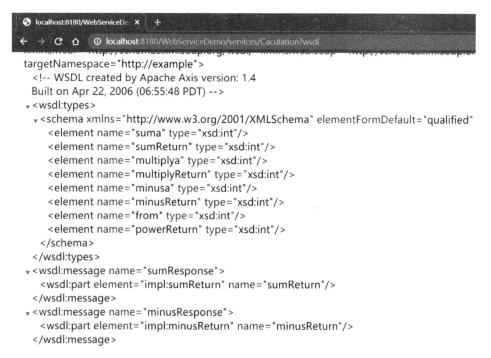

图 3-15　新增服务的 WSDL

第五步，生成 WSDL。

（1）依次点击 IDEA 最上侧功能栏的 Tools→WebServices→Generate Wsdl From Java Code（如图 3-16 所示）。

图 3-16　准备生成 WSDL

（2）IDEA 出现一个弹窗，点击 OK，生成后可以看到目录中多了一个 .wsdl 文件（如图 3-17 所示）。

第六步，调用 Web Service。

（1）在 src 目录下创建 client 包，用于存放测试的各个类。

（2）点击 Calculation.wsdl 文件，再依次点击 Tools→Web Services→Generate Java Code From Wsdl（如图 3-18 所示）。

（3）弹出生成 Java 代码的相关配置，一般不需要更改，直接点击 OK。

（4）成功后，在 client 目录下生成 Java 代码及相关文件（如图 3-19 所示）。

图 3-17　生成的 WSDL 文档

第 3 章 SOA 方法学

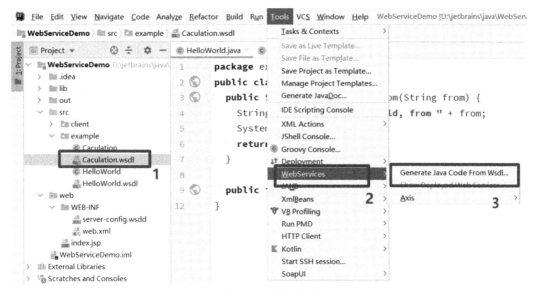

图 3-18 从 WSDL 文档生成 Java 代码

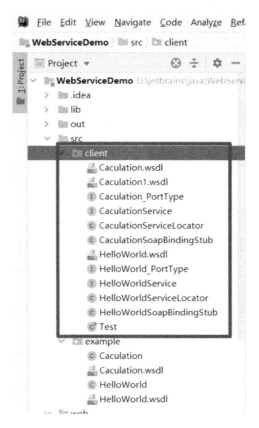

图 3-19 生成的 Java 代码及相关文件

第七步，编写并测试服务。

（1）在 client 目录下新建 test.java，添加测试代码（如图 3-20 所示）。

```java
import java.net.URL;
import java.rmi.RemoteException;

public class Test {
    public static void main(String[] args){
        // 指定调用WebService的URL,这里是我们发布后点击Caculation
        String url = "http://localhost:8180/WebServiceDemo/services/Caculation?wsdl";
        try {
            // 创建Locator对象,相当于传统服务的类或者是库
            CaculationServiceLocator caculationServiceLocator = new CaculationServiceLocator();
            // 通过Locator获取port,相当于传统类或库的方法接口
            Caculation_PortType service = caculationServiceLocator.getCaculation(new URL(url));
            // 通过port调用服务
            System.out.println(service.power( from: 6));
            System.out.println(service.sum( suma: 6));
            System.out.println(service.minus( minusa: 6));
            System.out.println(service.multiply( multiplya: 6));
        } catch (ServiceException | RemoteException | MalformedURLException ex) {
            ex.printStackTrace();
        }
    }
}
```

图 3-20　测试服务的代码

（2）确保 Tomcat 正在运行，然后直接点击右键，选择 Run 'test.main( )'。

（3）在下方的 Run 窗口查看 Web Service 调用的结果。

通过以上操作，完成了在 IntelliJ IDEA 上进行 Web Service 的封装、发布、调用以及测试的全过程。

3.3　本章小结

　　本章深入介绍了面向服务的分析和设计方法，包括服务识别、服务设计、服务编排和服务实现等关键概念。在服务识别中，强调了自顶向下和自底向上两种方法的应用。在服务设计中，探讨了定义服务功能、接口设计、服务契约等关键原则，强调了服务设计的质量属性。详细阐述了服务编排与服务编制的概念及区别。最后，通过组件即服务、Web 服务和 REST 服务等，介绍了服务实现方式。随后，详细演示了在 IntelliJ IDEA 开发平台上进行 Web Service 的配置、创建、发布和调用的步骤。通过本章，读者可以深入了解面向服务的分析和设计方法，以及在实际项目中如何操作和应用相关技术。

参考文献

[1] AVERSANO L, GRASSO C, TORTORELLA M. Measuring the alignment between business processes and software systems: A case study[C]//Proceedings of the 2010 ACM Symposium on Applied Computing. Sierre Switzerland, ACM, 2010: 2330-2336.

[2] KHANBABAEI M, ASADI M. Principles of service-oriented architecture and web services application in order to implement service-oriented architecture in software engineering[J]. Australian Journal of Basic and Applied Sciences, 2011, 5(11): 2046-2051.

[3] LEGNER C, HEUTSCHI R. SOA adoption in practice - findings from early SOAimplementations [C]// Proceedings of the Fifteenth European Conference on Information Systems. St. Gallen, Switzerland, 2007: 1643-1654.

[4] INAGANTI S, BEHARA G K. Service identification: BPM and SOA handshake[J]. BPTrends, 2007, 3: 1-12.

[5] DIKMANS L. SOA made simple[M]. Birmingham: Packt Publishing Ltd, 2012.

[6] HOLLINGSWORTH D, HAMPSHIRE U. Workflow management coalition: The workflow reference model [J]. Document Number TC00-1003, 1995, 19(16): 224.

[7] The OASIS Committee, Web Services Business Process Execution Language (WS-BPEL) Version 2.0. 2007.

[8] W3C. Web services choreography description language version 1.0[EB/OL]. http: www.w3.org/TR/2004/WD-ws-cdl-10-20041217/.

[9] ERL T. SOA design patterns (paperback)[M]. New Jersey: Pearson Education, 2008.

第 4 章　Web 服务基础

4.1　Web 服务概念

随着互联网的普及和信息技术的飞速发展，各行各业都在不断探索如何利用技术手段提升效率、降低成本、提供更好的服务。在这个过程中，Web 服务成为连接各种应用和系统的纽带，推动了电子商务、企业应用等领域的不断进步与发展。传统上，服务被理解为计算机后台程序提供的功能。然而，Web 服务与本地服务不同，它需要通过互联网访问另一台计算机上提供的服务。关于 Web 服务的概念，不同的组织有不同的定义。

W3C 组织将 Web 服务定义为能够支持网络间不同计算机互动操作的软件系统，强调了其较好的互操作性。Web 服务由许多应用程序接口（API）组成，用于执行用户通过网络提交的服务请求。同时，Web 服务使用标准的互联网协议（如 HTTP 和 XML 等）来描述、发布、发现、协调和配置应用程序。

IBM 将 Web 服务视为一组由 XML 描述的操作，定义了与服务交互时的消息传递格式、服务位置、服务传输协议等细节。而 Microsoft 将 Web 服务定义为能够为其他应用程序提供数据及应用逻辑的服务，这些应用程序可以通过标准的数据传输协议（如 HTTP、XML、SOAP）访问 Web 服务。

综上所述，Web 服务本质上是一套标准，只要遵守了这套标准，用户就可以使用任何语言，在任何平台上实现所需的网络服务。作为面向服务的架构技术，Web 服务实现了跨编程语言和跨操作系统平台的远程调用。

Web 服务具有以下特性：
（1）可描述性：可以被服务描述语言定义和说明；
（2）可发布性：向注册中心提交服务描述信息之后可以被发布；
（3）可查找性：可以通过查询请求在注册服务器中寻找所需要的服务；
（4）可绑定性：服务实例或服务代理可以通过服务的描述信息生成；
（5）可调用性：根据服务描述信息中的调用约束可以远程调用服务；
（6）可组合性：可以与其他服务共同构建新的服务。

Web 服务基础标准的建立和完善对其发展至关重要。Web 服务的四大核心标准包括 XML、SOAP、WSDL 和 UDDI，它们为 Web 服务提供了基础协议，促进其不断地发展。其中 XML 为 Web 服务定义了一套标准的数据类型作为 Web 服务中表示数据的基本格式，这一数据类型可被扩展；SOAP 为 Web 服务的远程调用提供了标准；WSDL 描述了 Web 服务及其操作、参数和返回值；UDDI 为 Web 服务注册提供了一套标准，它们之间的关系如图 4-1 所示。

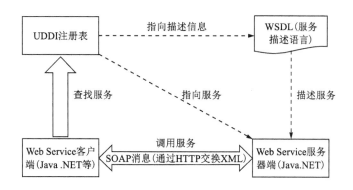

图 4-1 Web 服务的核心标准

4.2 SOAP 协议

4.2.1 SOAP 概述

SOAP（simple object access protocol，简易对象访问协议）是一种用于应用程序之间通信的协议。它规定了 Web 服务通过 HTTP 协议发送请求和接收返回结果时需要遵循的格式。SOAP 协议将请求和响应内容以及特定的 HTTP 消息头封装在一起，其中内容采用 XML 格式，而消息头说明了消息的内容格式。SOAP 可以使用任意的模式定义方式来定义内部传输内容的结构，通常使用 XML Schema 作为编码方式，并且可以与任意的网络传输方式配合使用。目前，SOAP 的最新版本是 1.2，取代了所有先前版本，包括 SOAP 版本 1.1。

4.2.2 SOAP 消息结构

SOAP 的消息结构简单清晰，可以视为一个普通的 XML 文档，其中包含以下几个主要元素：

（1）Envelope 元素：必需部分，作为 SOAP 消息的根节点，用于将当前的 XML 文档标识为一条 SOAP 消息；

（2）Header 元素：可选部分，包含头部信息，若存在 Header 元素，则必须作为<soap：Envelope>中的第一个元素节点；

（3）Body 元素：必需部分，包含了所有的调用和响应信息，当 SOAP 消息中没有 Header 元素时，Body 必须作为<soap：Envelope>中的第一个元素节点；

（4）Fault 元素：可选部分，位于 Body 元素中，提供了与当前 SOAP 消息处理相关的错误信息。

SOAP 消息的结构如图 4-2 所示。

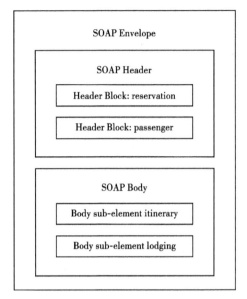

图 4-2　SOAP 消息结构示意图

SOAP 消息基本结构的示例如下：

```
<? xml version="1.0"? >
<soap:Envelope
xmlns:soap="http://www.w3.org/2001/12/soap- envelope"
soap:encodingStyle="http://www.w3.org/2001/12/soap- encoding">
<soap:Header>
  …
</soap:Header>
<soap:Body>
  <soap:Fault>
…
  </soap:Fault>
…
</soap:Body>
</soap:Envelope>
```

代码清单 4-1　SOAP 消息基本结构示例

4.2.3　SOAP 方法

SOAP 方法指的是遵守 SOAP 编码规则的 HTTP 请求或响应，其中 HTTP 的请求方法如表 4-1 所示。

表 4-1　HTTP 的请求方法

方法名	功能
GET	用于获取 Request-URL 所标识的资源
POST	在 Request-URL 所标识的资源之后附加新的数据
HEAD	获取由 Request-URL 所标识的资源的响应消息报头
PUT	请求服务器存储一个用 Request-URL 作为标识的资源
DELETE	请求服务器删除 Request-URL 所标识的资源
TRACE	用于测试或诊断，请求服务器回送收到的请求信息
CONNECT	保留将来使用
OPTIONS	请求查询服务器的性能，或者查询与资源相关的选项和需求

HTTP 的通信建立在 TCP/IP 的基础之上，客户端使用 TCP 连接到 HTTP 服务器，并向服务器发送请求消息。服务器收到请求后处理，并将响应消息发送回客户端。响应消息中包含了可指示请求状态的状态代码，如常见的 200(OK)、400(Bad Request) 等。一个成功的 HTTP 请求响应示例如图 4-3 所示，其中图 4-3(a) 所示为客户端向服务器发送的 HTTP 请求，图 4-3(b) 所示为服务器返回的响应结果。

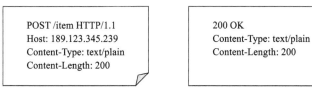

(a) HTTP请求消息示例　　　　　(b) HTTP成功响应示例

图 4-3　HTTP 请求响应示意图

SOAP 基于 XML 协议，使应用程序能够通过 HTTP 来交换信息。因此，可以将 SOAP 简化为 SOAP = XML+HTTP。如图 4-4 所示，当客户端发送请求时，首先把请求转换为 XML 格式，这一操作由 SOAP 网关自动执行。由于 SOAP 协议使用了私有的标记表，因此能够确保在传输过程中参数、方法名和返回值的唯一性。无论客户端从何种平台发送请求，服务器的 SOAP 网关都能够正确解析。SOAP 的 XML 格式确保了跨平台和跨语言的互操作性，使得不同系统之间的通信更加简便可靠。

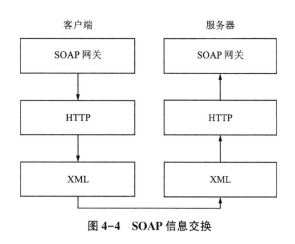

图 4-4　SOAP 信息交换

4.2.4 SOAP 实例

在本节的 SOAP 例子中,Envelope 元素是 SOAP 消息的根节点,其中包含了 Body 元素。在 Body 元素中,GetStockPrice 方法被调用,并传入了一个 StockName 参数值"IBM"。SOAP 请求示例代码如下:

```
POST /InStock HTTP/1.1
Host: www.example.org
Content-Type: application/soap+xml; charset=utf-8
Content-Length: nnn

<?xml version="1.0"?>

<soap:Envelope
xmlns:soap="http://www.w3.org/2001/12/soap-envelope"
soap:encodingStyle="http://www.w3.org/2001/12/soap-encoding">

<soap:Body xmlns:m="http://www.example.org/stock">
<m:GetStockPrice>
<m:StockName>IBM</m:StockName>
</m:GetStockPrice>
</soap:Body>
</soap:Envelope>
```

代码清单 4-2　SOAP 请求示例

SOAP 响应示例代码如下:

```
HTTP/1.1 200 OK
Content-Type: application/soap+xml; charset=utf-8
Content-Length: nnn

<?xml version="1.0"?>

<soap:Envelope
xmlns:soap="http://www.w3.org/2001/12/soap-envelope"
soap:encodingStyle="http://www.w3.org/2001/12/soap-encoding">
<soap:Body xmlns:m="http://www.example.org/stock">
  <m:GetStockPriceResponse>
    <m:Price>34.5</m:Price>
  </m:GetStockPriceResponse>
</soap:Body>
</soap:Envelope>
```

代码清单 4-3　SOAP 响应示例

4.3 WSDL 规范

4.3.1 WSDL 概述

Web 服务描述语言(web services description language,WSDL)是一种用于描述 Web 服务发布的 XML 格式。最初由 Ariba、Intel、IBM、Microsoft 等公司联合提出,现已成为 W3C 的推荐标准。WSDL 将 Web 服务描述为一组能够进行消息交换的服务访问点的集合,包括 Web 服务所提供的操作、协议相关地址以及与服务交互所需的数据格式和必要协议等内容。其主要作用在于提供一种统一的描述方式,使客户端能够理解和访问到 Web 服务的功能和结构,从而实现跨平台、跨语言的互操作。

4.3.2 WSDL 文档结构和规范

WSDL 文档主要由抽象定义和具体描述两个部分组成。如图 4-5 所示,抽象定义部分包括消息(message)、操作(operation)和接口(interface),用于定义 Web 服务的功能和数据交互方式。消息描述了数据元素的结构,操作定义了服务提供的操作,接口将操作组织在一起形成完整的服务接口。具体描述部分包括绑定(binding)、服务(service)和端点(endpoint),描述了如何将抽象定义映射到具体的通信协议和网络地址上,以及服务在网络中的实际位置和访问方式。绑定指定了消息和协议之间的绑定关系,服务指定了 Web 服务的名称和访问地址,端点则指定了具体的服务终节点地址。这些部分共同构成了完整的 WSDL 文档,描述了 Web 服务的功能、接口、数据格式和通信方式。

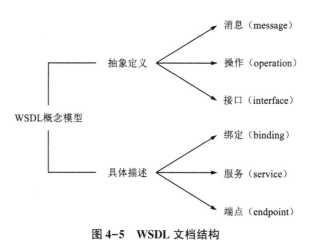

图 4-5 WSDL 文档结构

根据 WSDL2.0 的文档说明,WSDL 文档包含 7 个主要元素,如表 4-2 所示。

每个元素在 WSDL 文档中发挥着重要作用,共同构成了 Web 服务的完整描述和规范。代码清单 4-4 展示了一个标准的 WSDL 实例。

表 4-2　WSDL2.0 主要元素及描述

元素名称	描述
描述(description)	作为 WSDL 2.0 文件的根元素，包含了整个文档的所有其他元素
类型(types)	包含了客户端和 Web 服务之间交换的数据类型的规范。通常使用 XML 模式描述这些数据类型
接口(interface)	描述了 Web 服务可以执行的操作、为每个操作定义的输入和输出消息，以及可能的故障消息
绑定(binding)	描述了通过网络访问 Web 服务的方法。典型情况下，绑定元素将 Web 服务与特定协议(如 HTTP)绑定在一起
服务(service)	描述了在网络上访问 Web 服务的位置。服务元素通常包含服务的 URL 信息
文档(documentation)	包含了 Web 服务的描述，提供了对服务的简要说明。为可选元素
引入(import)	用于导入 XML 模式或其他 WSDL 文档，以拓展 WSDL 文档的功能。为可选元素

```
<description ...>
  <types>
    //客户端和 Web 服务之间交换的数据类型规范。
  </types>
  <interface ...>
    //描述 Web 服务执行的操作以及每个操作的输入/输出消息。
    <operation ...>
      <input>
        ...
      </input>
      <output>
        ...
      </output>
      ...
    </operation>
  </interface>
  <binding ...>
    //描述通过网络访问 Web 服务的方式，通常与 HTTP 协议绑定。
    <operation .../>
  </binding>
  <service ...>
    //描述可以在网络上访问的 Web 服务的位置，通常包含服务的 URL。
    <port .../>
    ...
  </service>
</description>
```

代码清单 4-4　WSDL 实例

4.4 UDDI 协议

4.4.1 UDDI 概述

UDDI(universal description, discovery, and integration, 统一描述、发现和集成)是一个基于 XML 跨平台的描述规范,是 Web 服务协议栈的重要组成部分。它的主要目标是帮助企业动态查找并使用 Web 服务,并支持将企业自身的 Web 服务发布到 UDDI 注册中心,供其他用户使用。通过 UDDI,不同商业实体可以在互联网上相互作用,共享信息,从而实现快速、方便的商业交易和合作。简而言之,UDDI 充当了服务提供者和服务使用者之间的联系枢纽,使得开发的服务能够被需要的企业和用户发现与利用。

4.4.2 UDDI 的信息模型

UDDI 的信息模型主要由以下 4 种元素组成:

(1) businessEntity 元素:位于信息模型结构的顶层,用于保存业务信息,描述了 Web 服务提供者的信息,包括公司名称、业务描述、产业编号、产品和服务、地理位置等,有助于企业或组织检索和定位。

(2) businessService 元素:用于保存服务信息,组合了一系列有关商业流程或分类目录的 Web 服务的描述,包含 Web 服务通信 URL 或地址、配置信息、服务调用约束以及负载平衡等信息。

(3) bindingTemplate 元素:用于保存绑定信息,包括 Web 应用服务的地址、宿主信息以及一些复杂的路由选择说明,与 businessService 元素一起构成了"绿页"信息。

(4) tModels 元素:用于保存为服务提供的规范,存储了服务的类型、协议等附加信息。能够描述商业标识符数据库、分类方法、技术规范、网络协议等各类技术规范,是 UDDI Web 服务元数据管理的基础。

UDDI 注册信息分为三类:"白页"信息包括 businessEntity 元素,描述了企业信息;"绿页"信息包括 businessService 和 bindingTemplate 元素,描述了服务信息和绑定信息;"黄页"信息则是 business Classification 元素,描述了企业的分类信息。具体内容如表 4-3 所示。

表 4-3 UDDI 注册信息

名称	内容
白页	包含基本的企业信息,如企业名称、介绍以及联系方式,包括名称、电话号码、电子邮件和企业网站等
绿页	包含了与企业进行电子交互的信息,包含交易过程、服务描述以及调用特定 Web 服务的绑定信息
黄页	根据分类标准对企业信息进行分类,通常包括行业、产品或服务以及地理位置等分类

4.4.3 UDDI 与 WSDL

在将开发完成的 Web 服务提供给用户使用时，需要一个场所来发布服务并提供服务的注册信息。UDDI 充当了这样的场所，存储了用于描述服务的功能和约束，定义了服务在被调用时需要遵循的规范。

UDDI 和 WSDL 之间存在对应关系：

（1）Service interface 对应于 UDDI 的 tModels 元素：WSDL 文档中的 service interface 描述了服务的接口，而 UDDI 中的 tModel 保存了服务的规范；

（2）Service 元素对应于 businessService 元素：WSDL 文档中的 service 元素指定了服务的位置和访问信息，而 UDDI 中的 businessService 元素描述了服务的基本信息；

（3）Port 元素对应于 bindingTemplate 元素：WSDL 文档中的 port 元素定义了服务的通信端口，而 UDDI 中的 bindingTemplate 元素包含了服务的地址和绑定信息；

（4）通过 import 元素导入服务定义：WSDL 中可以使用 import 元素将服务定义部分导入服务实现描述部分，实现服务的分层描述；

（5）bindingTemplate 元素引用了 tModel 元素的内容：在 UDDI 中，bindingTemplate 元素引用了 tModel 元素的内容，确保了服务的规范和实现之间的关联。

这些对应关系使得服务提供者能够将 WSDL 描述的服务发布到 UDDI 中，并让服务使用者在 UDDI 中发现和访问这些服务。

WSDL 与 UDDI 的映射关系如图 4-6 所示。

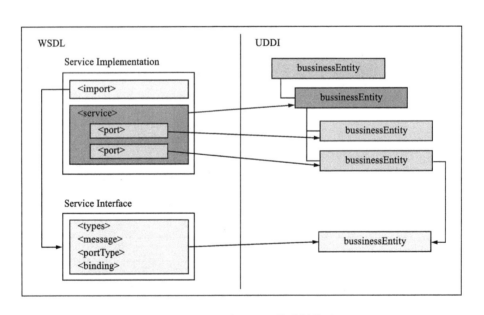

图 4-6 WSDL 与 UDDI 的映射关系

4.5 本章小结

本章系统介绍了 Web 服务的核心概念和基础协议，涵盖了 SOAP、WSDL 和 UDDI。首先，探讨了 SOAP 协议在应用程序通信中的关键作用，以及其消息结构和方法。接着，解析了 WSDL 规范，阐述了其文档结构和规范，并强调了其与 Web 服务接口描述的紧密关联。随后，对 UDDI 协议的概念和信息模型进行了探讨，突出了其在 Web 服务发布和发现中的重要性，并详细阐述了 UDDI 与 WSDL 的对应关系，以及它们在 Web 服务生态系统中的互补作用。通过本章的学习，读者对 Web 服务的基础知识有了更深入的了解，为进一步探索和应用 Web 服务技术打下了坚实的基础。

参考文献

[1] SOAP. SOAP Version 1.2 Part 1：Messaging Framework (Second Edition)[EB/OL]. https://www.w3.org/TR/soap12.

[2] WSDL. Web Services Description Language (WSDL) Version 2.0 Part 1：Core Language [EB/OL]. https://www.w3.org/TR/wsdl20.

[3] WSDL Tutorial[EB/OL]. http://www.tutorialspoint.com/wsdl/index.htm.

[4] UDDI. UDDI Version 3.0.2[EB/OL]. http://www.uddi.org/pubs/uddi_v3.htm.

第5章 RESTful API 基础

5.1 REST 概述

5.1.1 REST 起源

REST(representational state transfer，表象化状态转变或表述性状态转移)的提出可追溯到 2000 年 Roy Thomas Fielding 的博士论文《Architectural Styles and the Design of Network-based Software Architectures》。Fielding 博士是 Day Software 公司的首席科学家，也是 Apache 软件基金会的合作创始人之一。

5.1.2 REST 设计理念

Fielding 博士将 REST 定位为"分布式超媒体应用(distributed hypermedia system)"的架构风格，并引入了"HATEOAS(hypermedia as the engine of application state，用超媒体驱动应用状态)"的概念。通过 HATEOAS，将 REST 应用程序体系结构与其他网络应用程序体系结构区分开，使客户端能够与网络应用程序动态交互。

在 REST 中，HATEOAS 能够使客户端通过超媒体动态地获取信息，并驱动客户端会话状态的转变。资源以超媒体的形式在浏览器中呈现，点击超媒体中的链接可以获取其他相关资源或对当前资源进行处理。REST 使用 HTTP、URI、XML 以及 HTML 等广泛流行的协议和标准，以资源为核心，通过资源的表现层和状态转化来实现客户端与服务器之间的交互。REST 主要包括资源、表现层和状态转化 3 个核心概念，它们共同构成了 REST 架构风格的基础。

(1) 资源(resource)：资源是 REST 的核心概念之一，它是对网络中任何可操作对象的抽象。资源可以是文本、数据库记录、图片、服务等，每个资源通过唯一的 URI 进行标识。URI 作为资源的地址或识别符，为整个网络上的资源提供了统一的命名规则。

(2) 表现层(representation)：资源具有多种表现形式，称为资源的"表现层"。表现层描述了资源的具体形式，包括 HTML、XML、JSON 等格式。客户端通过 HTTP 请求头中的 Accept 字段指定所需的表现形式，而服务器通过 Content-Type 字段返回资源的表现形式。

(3) 状态转化(state transfer)：REST 通过 HTTP 协议中的方法对资源进行操作，实现"表现层状态转化"。HTTP 的四个方法 GET、POST、PUT、DELETE 分别对应获取、新建、更新和删除资源的操作。这些操作使客户端与服务器之间的交互变得简单而有效，同时遵循了 HTTP 协议的无状态性原则。

综上所述，REST 作为一种设计风格，通过资源、表现层和状态转化这 3 个核心概念指导 Web 应用程序的构建，使系统具有良好的可扩展性和可维护性。

5.1.3 REST 主要约束

REST 架构遵循一系列约束,以确保系统具有统一的设计风格和良好的性能。REST 的主要约束如下。

1. 客户-服务器(client-server)

REST 架构采用客户-服务器模式,客户端和服务器之间通过请求-响应的方式进行通信。这种架构的优势在于将用户界面和数据存储解耦合,提高了跨平台部署的灵活性,同时简化了服务器模块,提高了可扩展性。

2. 无状态(stateless)

REST 要求服务器不保存客户端的状态信息,每个请求都应包含所有必要的状态信息,且每个请求都是独立的。服务器根据接收到的状态信息处理请求,并对两个相同的请求给予完全相同的响应。

3. 缓存(cache)

REST 允许对响应内容进行缓存,以提高网络效率和系统性能。客户端和中间传递者都可以缓存响应内容,但客户端需要确保缓存内容是可缓存的,避免使用过期或错误的内容。

4. 统一接口(uniform interface)

REST 通过统一的接口实现组件之间的通信,简化了系统架构,降低了耦合性,可以对各个模块独立进行改进。统一接口包括以下 4 个约束:

(1)请求中包含资源的 ID(resource identification in requests):客户端请求包含资源的标识,服务器将资源以不同的格式发送给客户端。

(2)资源通过标识来操作(resource manipulation through representations):客户端可以通过资源的标识和附带的元数据对资源进行操作。

(3)消息的自我描述性(self-descriptive messages):每个消息包含足够的信息来描述如何处理信息而无须借助外部数据,例如借助消息包含的媒体类型确定数据处理方式。

(4)用超媒体驱动应用状态(hypermedia as the engine of application state):服务器通过响应提供超链接,客户端可以动态发现可用资源和操作。

5. 分层系统(layered system)

REST 允许将架构分解为若干等级的层,每个组件只能"看到"与其交互的紧邻层。这种分层可以提高系统的可拓展性,同时有利于安全策略的部署。

6. 按需代码(code-on-demand)

REST 支持在客户端执行一些代码,例如通过下载并执行 Java Applet、Flash 或 JavaScript 等代码来扩展功能。服务器可以通过发送可执行代码来临时扩展或定制功能,提高了系统的灵活性和可拓展性。

这些约束使得 REST 架构具有良好的可扩展性、可维护性等，并且降低了开发成本，因此在现代互联网应用开发中得到了广泛应用。

5.1.4 REST 架构的必要性

REST 架构的必要性在于其能够解决当前互联网应用开发中面临的挑战，以下是需要 REST 架构的几个关键原因。

1. 移动互联网的快速发展

随着移动互联网的迅速普及，用户不再局限于使用传统的台式机或笔记本电脑访问网络，而更倾向于使用各种移动设备，如智能手机和平板电脑。这种趋势要求系统能够提供跨平台的服务，适应不同设备的特性和限制。

2. 前后端分离

传统的网页应用设计往往将前端界面和后端逻辑耦合在一起，这导致了开发和维护的困难。REST 架构的出现将用户界面和数据存储分离，使得前端和后端可以独立开发、部署和维护，从而提高了开发效率和开发的灵活性。

3. 统一接口

REST 架构强调统一的接口设计，通过使用 HTTP 协议提供的标准方法（如 GET、POST、PUT、DELETE 等）来操作资源，简化了系统的架构，降低了开发的复杂度和成本。同时，使用纯 HTML 作为客户端可以避免服务器和客户端的耦合，使得系统更加整洁、易于扩展和增强。

4. 简洁易用

REST 架构的设计理念简洁易懂，明确了开发人员的分工，降低了开发成本。开发人员可以根据统一的接口设计进行开发，而无须关注底层的实现细节，从而提高了开发的效率和质量。

综上所述，随着互联网应用的不断发展和用户需求的不断变化，REST 架构作为一种灵活、高效的设计风格，为现代互联网应用的开发提供了重要的支持和指导，因此在当前互联网应用开发中扮演着至关重要的角色。

5.2 RESTful API 设计

5.2.1 统一接口

在设计 RESTful 时，统一接口是至关重要的一环。HTTP 1.1 提供了一系列方法，也称为动作，用于对资源进行操作。这些方法包括 GET、POST、HEAD、PUT、OPTIONS 和 DELETE，每个方法都有其特定的作用和语义。

表 5-1 是对这些 HTTP 请求方法以及它们的安全性和幂等性的简要描述。

表 5-1　HTTP 常用方法

方法	描述	安全性	幂等性
GET	获取 Request-URI 所标识的资源	是	是
POST	在 Request-URI 所标识的资源后附加新的数据	否	否
HEAD	获取由 Request-URI 所标识的资源的响应消息报头	是	是
PUT	更新已有资源或创建新资源	否	是
OPTIONS	请求查询服务器的性能，或者查询与资源相关的选项和需求	是	是
DELETE	删除资源	否	是

确切地说，"安全性"和"幂等性"是 HTTP 请求方法的两个重要特性，它们的定义如下：

（1）安全性（safety）：安全性指的是客户端对该接口的访问不会改变服务器上资源的状态。换句话说，安全的 HTTP 方法不会产生副作用，它们只用于获取信息而不对资源进行修改。安全的 HTTP 方法包括 GET、HEAD、OPTIONS。这意味着，对于安全的 HTTP 方法，服务器不应该改变其状态或执行其他非幂等性操作。

（2）幂等性（idempotence）：幂等性指的是多次执行同一请求所产生的效果等同于一次执行的效果。即使在不稳定的网络环境中，客户端再次触发相同请求也会得到相同的响应。幂等的 HTTP 方法是指，无论对同一资源执行多少次相同的操作，最终结果都应该是一致的。幂等的 HTTP 方法包括 GET、HEAD、PUT、OPTIONS、DELETE。POST 方法通常是非幂等的，因为多次执行相同的 POST 请求可能会创建多个相同的资源。合理使用这些方法可以使客户端在不同情况下预测到请求的结果。

这两个特性对于设计和实现 HTTP API 非常重要，因为它们影响着客户端和服务器之间的交互行为。特别是在处理网络故障和重试时，幂等性能够确保系统的行为符合预期，从而提高系统的可靠性和稳定性。

在 RESTful API 设计中，根据 HTTP 方法的实际意义使用它们至关重要。举例来说，GET 方法应该用于获取资源，而不应该用于在服务器上创建或更新资源。违反了这一原则可能导致意外的行为。

考虑以下请求示例：

```
OPTIONS http://MyService/Persons/1 HTTP/1.1
HOST: MyService
```

在这个请求中，使用了 OPTIONS 方法来获取服务器上资源"/Persons/1"支持的方法列表。服务器返回了允许的方法列表，包括 HEAD、GET 和 PUT。客户端可以根据服务器返回的允许方法来决定下一步的操作。

```
200 OK
Allow: HEAD, GET, PUT
```

然而，在下面的请求中，使用了 GET 方法来请求删除名为"Persons"的资源。尽管这个请求可能会成功执行删除操作，但并不符合 RESTful 的设计原则。根据 HTTP 1.1 规范，GET 方法应该用于获取资源，而不是用于删除资源。

GET http://MyService/DeletePersons/1 HTTP/1.1
HOST: MyService

因此，更符合 RESTful 设计的做法是使用 DELETE 方法来删除资源，如下所示：

DELETE http://MyService/Persons/1 HTTP/1.1
HOST: MyService

使用 DELETE 方法，可以更准确地表达客户端的意图，符合 RESTful 设计的统一接口原则。

总的来说，REST 建议使用统一接口，并且 HTTP 提供了这样的接口。但最终，REST 的实现需要服务架构师和开发人员遵守规范的设计原则，确保系统的设计符合 RESTful 的理念。

5.2.2 资源定位

在 REST 中，资源定位通过 URI 来实现。因此，在设计 REST 风格的 Web 接口时，URI 的设计至关重要。良好的 URI 设计能够确保系统的 REST 接口风格统一，并且有利于系统的拓展性和易用性。

一个好的 URI 应该以资源为核心，并具有直观的描述性，能够准确地定位资源。举例来说，一个班级的资源地址可以是/school/college/grade/class。需要注意的是，一个 URI 资源地址对应一个唯一的资源，但是一个资源可以拥有多个 URI 资源地址。

5.2.3 传输格式

REST 支持多种传输格式，包括 Java 基本类型、字节流和字符流，以及 XML 类型和 JSON 类型。对于 XML 格式的处理，REST 可以使用 JAXP（Java API for XML processing）和 JAXB（Java architecture for XML binding）。

1. JAXP

JAXP 包含了 DOM（document object model）、SAX（simple API for XML）和 StAX（streaming API for XML）三种解析标准：

（1）DOM 是面向文档的解析技术，要求将 XML 数据全部加载到内存中，以树和节点模型实现解析；

（2）SAX 是事件驱动的流解析技术，通过监听注册事件，触发回调方法实现解析；

（3）StAX 是拉式流解析技术，读取过程中可以主动推进当前 XML 位置的指针。

JAXP 定义了 3 种标准类型的输入接口 Source（包括 DOMSource、SAXSource、StreamSource）和输出接口 Result（包括 DOMResult、SAXResult、StreamResult）。

2. JAXB

JAXB 需要在 POJO(plain old Java object)中定义相关的注解，使其与 XML Schema 相对应，无须对 XML 进行程序式解析。JAXB 通过序列化和反序列化实现了 XML 数据和 POJO 对象的自动转换，提升了开发效率。对于 JSON 格式的处理，REST 同样提供了如表 5-2 所示的支持包和解析方式，这些传输格式的选择取决于具体应用的需求和开发团队的技术栈。

表 5-2 JSON 格式传输数据的支持包和解析方式

解析方式	支持包			
	MOXy	JSON-P	Jackson	Jettison
基于 POJO 的 JSON 绑定	Y	N	Y	N
基于 JAXB 的 JSON 绑定	Y	N	Y	Y
底层 JSON 解析与处理	N	Y	N	Y

5.2.4 处理响应

在处理响应方面，RESTful API 涉及处理返回类型和处理异常两个方面。通常情况下，RESTful API 支持 4 种返回值类型的响应：

(1) 无返回值：即方法没有返回值，通常表示请求已成功处理，无须返回具体数据；

(2) 返回 Response 类实例：可以通过 Response 类的实例来构建响应，包括设置状态码、头信息和响应体等；

(3) 返回 GenericEntity 类实例：用于封装泛型类型的实例，比如 List<T>，以便将其正确地序列化成响应数据；

(4) 返回自定义类实例：可以直接返回自定义类的实例作为响应，这些类需要进行适当的序列化以成为符合客户端期望的数据格式。

在处理异常方面，RESTful API 中的基本异常类型为运行时异常 WebApplicationException 类。该类包括 3 个主要的子类，分别对应不同的 HTTP 状态码：

(1) HTTP 状态码为 3××的重定向类 RedirectionException；

(2) HTTP 状态码为 4××的请求错误类 ClientErrorException；

(3) HTTP 状态码为 5××的服务器错误类 ServerErrorException。

5.2.5 内容协商

内容协商是指客户端和服务器之间就请求和响应的数据格式达成一致的过程，以确保有效地进行通信和数据交换。在 RESTful API 中，内容协商通过使用 @Produces 和 @Consumes 注解来实现。

(1) @Produces 注解用于定义类或方法返回的 MIME 数据类型。可以指定多种格式，如文本类型、HTML 类型、XML 类型和 JSON 类型等。通过指定不同的 MIME 类型，服务器可以根据客户端的请求选择合适的响应格式。例如，可以使用{"application/xml", "application/

json"}表示服务器可以返回 XML 或 JSON 格式的数据,但通常优先选择 XML。

(2)@ Consumes 注解用于定义方法请求实体的数据类型。它只用于匹配请求处理的方法,如果客户端发送的数据格式不符合服务端期望的类型,则服务器可能会返回 HTTP 状态码 415(unsurpported media type)。

通过合理地使用@ Produces 和@ Consumes 注解,可以实现客户端和服务器之间的数据交换及通信的有效性和可靠性,从而提高系统的可用性等。

5.3 本章小结

本章详细介绍了 RESTful API 设计的关键要素,包括统一接口、资源定位、传输格式、处理响应和内容协商。通过这些要素,RESTful API 能够提供一致的方法来处理客户端请求和响应,并通过 URI 实现资源的准确定位。传输格式方面支持多种数据类型,如 XML 和 JSON,而处理响应涵盖了返回类型和处理异常。最后,内容协商确保了客户端和服务器之间数据交换的有效性和可靠性。这些原则和方法共同构成了设计 RESTful API 的基本框架,为构建高延时、高并发的分布式系统提供了有效的指导,体现了互联网软件的新型特征。

参考文献

[1] FIELDING R T. Architectural styles and the design of network-based software architectures[D]. California: University of California, Irvine, 2000.
[2] WILDE E, PAUTASSO C. REST: from research topractice[M]. Birlin: Springer Science & Business Media, 2011.
[3] FIELDING R, GETTYS J, MOGUL J, et al. Hypertext transfer protocol — HTTP/1.1[R]. 1999.
[4] MORDANI R, DAVIDSON J D, BOAG S. Java API for XML processing[EB/OL]. Palo Alto, CA: Sun Microsystems, Inc, 2001[2001-07-12]. http://www.jcp.org/about Java/communityprocess/review/jsr063/jaxp-pdl.pdf.
[5] FIALLI J, VAJJHALA S. The Java architecture for XML binding (JAXB)[EB/OL]. Palo Alto, CA: Sun Microsystems, Inc, 2003[2003-01-24]. http://jcp.org/en/jsr/detail?id=31.

第6章 服务组合与集成

6.1 服务组合与集成

SOA 的核心理念在于集成，将小粒度的服务整合成大粒度的服务，从硬编码的集成转变为可配置的集成，具有灵活性。独立存在的服务具有有限的价值，只有当不同来源的多个服务被整合并协调以实现共同的业务目标时，服务和 SOA 的真正潜力才能实现。

服务组合(service composition)是将现有服务组合成新服务的过程，其目的是增强服务的可复用性、功能性和性能。服务组合包含两个概念：服务编排(service orchestration)和服务协同(service choreography)。前者定义了如何根据特定的业务逻辑将小粒度的服务聚合成大粒度的服务，后者定义了服务之间如何协作以编排跨多个业务流程的动作，这两者都用于服务之间的协同规划。

6.1.1 服务编排

服务编排最初意味着"为管弦乐谱曲"——使用乐谱提供的基本音符构建完整的音乐作品。在 SOA 中，编排指的是根据特定的业务逻辑规则将多个小粒度的 Web 服务构建为一个可执行的业务过程，也可以看作一个大粒度的复合 Web 服务，其执行需要有一个中心控制机制。所有服务都需要由一个组织拥有，服务编排侧重于使用现有服务构建新服务。

针对服务编排，出现了大量的服务协同建模标准，最典型的是业务流程执行语言(business process execution language，BPEL)和面向 Web 服务的 BPEL(BPEL4WS)，它们在实践中得到了广泛的应用。BPEL 能够实现基于 WSDL 的 Web 服务之间的流程编排和服务协同，它提供了一种 XML 注释和语义，用于指定对 Web 服务进行编排并确定 Web 服务之间的业务流程，以实现 Web 服务之间的协同。

服务编排的运行模式有 3 种：集中式的执行引擎、基于中心(Hub)的分布式引擎和无中心的分布式引擎。

集中式的执行引擎(图 6-1)能够有效监控各个服务并对错误进行处理，具有较好的可维护性。但是，当服务器 BPEL 引擎发生故障时，所有服务无法调用，可能导致系统整体不可用；且调用策略复杂、维护成本较高；应用服务的信任机制可能出现问题，安全性方面存在隐患。

基于中心的分布式引擎(图 6-2)在信息交换上独立于服务端，整体上支持监控和对错误进行处理。但是处理错误的过程更复杂，需要考虑更多的异常情况和处理策略；用户必须能够处理执行引擎，增加了系统的复杂度和管理成本。

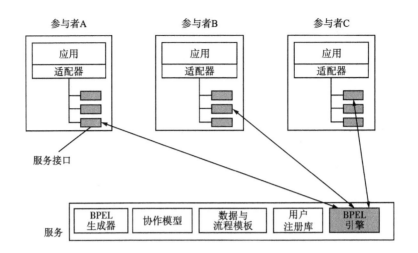

图 6-1 集中式的执行引擎

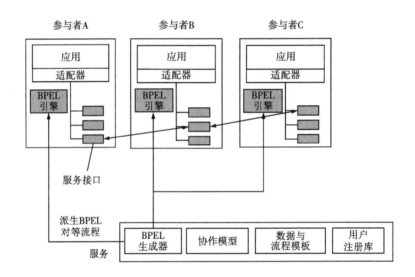

图 6-2 基于 Hub 的分布式引擎

无中心的分布式引擎(图 6-3)在对抗部分错误方面具有较好的鲁棒性,具有更高的可扩展性。但是所有结构都放在客户端,增加了客户端的复杂度,可能导致客户端性能和资源消耗较高;同时需要客户端存储同步,并且在错误处理方面复杂度较高。

3 种模式的对比分析如图 6-4 所示。综合来看,在 3 种模式中,基于中心的分布式引擎整体上具有较好的表现。它在信息交换上独立于服务端,能够支持监控和对错误进行处理,同时相对于集中式的执行引擎和无中心的分布式引擎,具有更好的灵活性和可维护性。

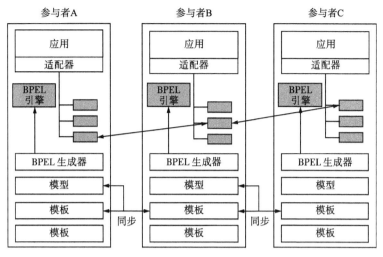

图 6-3 无 Hub 的分布式引擎

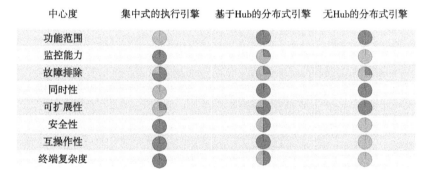

图 6-4 3 种模式对比分析

6.1.2 服务协同

服务协同(service choreography)是指根据彼此之间的协同关系,将多个零散的、由多方提供的服务/业务流程组织在一起,支持多方的交互行为,而无须中心控制机制。它侧重于确保不同服务之间的消息传递的顺序和规则,以实现期望的协同行为。常见的服务协同模式如图 6-5 所示。

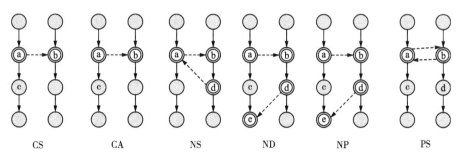

图 6-5 服务协同模式分类图

1. 链式协同模式(chained)

链式协同模式将多个服务按照顺序连接起来,形成一个服务链。在此模式中,服务的执行顺序是线性的,一个服务的输出通常作为下一个服务的输入,依此类推。这种模式适用于需要按照固定顺序执行的业务流程,确保各个服务的执行顺序和结果符合预期。

根据服务的替代性和增量性,链式协同模式分为两种类型:

(1)替代型链式协同模式(chained substitutive, CS):在这种模式下,服务在执行时是互斥的,只有其中一个服务会被执行。通常情况下,只有在前一个服务执行失败或无法满足条件时,才会执行下一个服务。

(2)增量型链式协同模式(chained additive, CA):在这种模式下,所有服务都会被执行,每个服务的输出都会被传递给下一个服务。各个服务的输出可以叠加起来,形成最终的结果。

2. 嵌套协同模式(nested)

嵌套协同模式将多个服务组合在一起,形成一个嵌套结构。在嵌套协同模式中,各个服务可以根据不同的情况选择同步执行、延迟执行或并行执行。这种模式适用于复杂的业务流程,其中包含多个并行或条件分支,需要根据不同的情况动态调整服务的执行顺序和方式。

具体的嵌套协同模式包括:

(1)同步型嵌套协同模式(nested synchronous, NS):各个服务按照顺序依次执行,后一个服务的执行依赖于前一个服务的结果。

(2)延迟型嵌套协同模式(nested deferred, ND):服务根据条件选择是否执行,有些服务可能会被延迟执行或跳过,以满足特定的业务逻辑。

(3)并行型嵌套协同模式(nested parallel, NP):服务可以并行执行,各个服务之间相互独立,不受执行顺序的限制。

3. 同步协同模式(synchronized)

同步协同模式将多个服务并行执行,并确保它们在某个关键点上同步。

并行同步型协同模式(parallel synchronized, PS):服务可以并行执行,但在某些关键点上需要同步,以确保数据的一致性。

服务协同的描述语言是 web service choreography description language(WS-CDL),它用于描述多方参与的业务流程,并支持各种活动之间的交互和控制。

每个 WS-CDL 文档包含一个活动,该活动分为基本活动、控制流活动和工作单元活动,文档结构如图 6-6 所示。

WS-CDL 的基本活动包括:

(1)Sequence:活动按照定义顺序依次执行。

(2)Parallel:活动并发执行,所有活动完成后该工作单元才结束。

(3)Choice:根据条件选择执行活动,通常以工作单元活动作为子活动,并根据子活动中的执行条件进行判断。该结构允许根据不同条件执行不同的操作,从而根据特定的情况选择性地执行不同的业务逻辑。

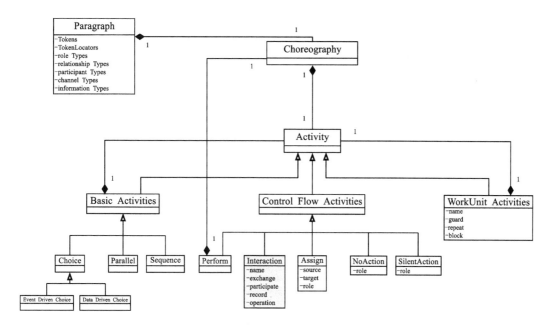

图 6-6 WS-CDL 文档结构

工作单元活动包含子活动执行的条件，如卫士条件和循环条件。通过设置 block 参数，可以实现阻塞式和非阻塞式的计算方式。

控制流活动是控制顺序的基本要素，包括：

（1）Interaction：用于两个角色之间进行信息交换；

（2）NoAction：表示不执行任何动作；

（3）SilentAction：表示不可见但必须执行的动作；

（4）Assign：用于创建或修改一个或多个变量的值；

（5）Perform：通过组合已有的编排来创建新的编排。

6.1.3 编排与协同对比

在服务组合与继承中，服务编排和服务协同扮演着不同的作用（图 6-7）。

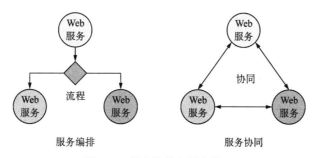

图 6-7 服务编排与服务协同

1. 服务编排

定义：将小粒度的服务组合成大粒度服务；

描述语言：通常使用 BPEL4WS 描述语言；

控制机制：需要集中式的控制机制来管理服务的执行；

特点：是一种可执行的过程建模语言，需要调用 Web 服务来实现业务逻辑的执行。

2. 服务协同

定义：协调相同大粒度服务之间的关系；

描述语言：使用 WS-CDL 描述语言；

控制机制：无须集中式的控制机制，各个服务之间相互协调；

特点：是一种不可执行的描述性语言，用于描述服务之间的交互关系和行为，不涉及调用 Web 服务来执行业务逻辑。

6.2 服务组合方法

6.2.1 静态组合

静态组合是假设在设计阶段已经确定了组合的目标、相关服务及其交互方式，相应的组合脚本（例如 BPEL）被建立，并在需要时执行。静态组合通常在设计时完成，适用于业务需求和环境变化较少的情况。静态组合的缺点是可扩展性较差。随着可用服务数量的增加，手动进行组合变得不切实际。在一些应用场景中，应用程序或用户的目标可能会随系统或环境而变化，可用服务及其交互方式也可能会发生变化。

6.2.2 动态组合

动态组合根据用户的动态目标、约束以及可用资源和服务，在运行时执行组合，并实现按需组合。其核心问题是根据当前环境生成备选组合规划，并评估实现最优规划。动态组合一般在运行时完成，适用于需求和环境频繁发生改变的场合。

6.3 BPEL 业务流程

6.3.1 WS-BPEL 规范

业务流程执行语言（BPEL）是一种基于 XML 的编程语言，用于描述业务流程，并且依赖于 WSDL。在 BPEL 中，每个步骤由 Web 服务实现，允许将 BPEL 流程发布为 WSDL 定义的服务，使其能够像其他 Web 服务一样被调用。这种能力使得 BPEL 非常适合描述和管理复杂的业务流程，如供应链管理、订单处理等。BPEL 支持 Web 服务间的交互和调用，甚至可以递归调用自身，具有高度的灵活性和复用性。

需要注意的是，BPEL 不直接支持人机对话，而主要与 Web 服务进行通信。这些 Web 服务可以与用户交换信息，但不直接处理用户界面交互。BPEL 可处理活动执行顺序，增强不同网络服务间的互操作、明确消息和实例之间的关系，保障流程在异常情况下恢复操作，并支持角色间的反向网络服务交互。使用 BPEL 编写的流程可以在任何支持 BEPL 规范的平台或产品上运行，这为跨平台和跨系统的集成提供了便利。

WS-BPEL 是基于 XML 定义的流程描述语言，构建在几个 XML 规范之上，包括 WSDL1.1、XML Schema1.0 和 XPath1.0。其中 WSDL 消息和 XML Schema 类型定义提供了 BPEL 流程所用的数据模型；XPath 为数据处理提供支持；所有外部资源和伙伴以 WSDL 服务的形式来表示。

为了定义业务流程，BPEL 引入了一些关键元素，其中包括伙伴链接（partnerLink）、变量（variable）、活动（activity）、关联集合（associationSet）、事件处理程序（eventHandler）、事务与补偿机制（compensation service）以及异常管理（faultHandler）。

1. 伙伴链接

伙伴链接在 BPEL 中扮演着关键角色，用于描述流程与其他服务之间的交互关系。在异步通信环境中，流程与伙伴之间的会话可能是双向的，它们会扮演不同的角色，因此需要明确服务和流程所扮演的角色，以消除通信过程中的多义性。

伙伴链接通过<partnerLink>元素来定义，其中 myRole 属性指定了业务流程本身的角色，而 partnerRole 属性指定了伙伴的角色。这种抽象的设计使得在流程建模时不必指定具体的服务端点，而将流程与具体服务的绑定推迟到组装或运行时来完成，从而增强了流程的灵活性和可复用性。

在 BPEL 中，通过引用 partnerLinkType 定义伙伴链接类型，明确了流程与伙伴服务之间的通信接口和交互方式。partnerLinkType 对应于 WSDL 文档中的 portType。通常情况下，伙伴链接类型会在 WSDL 文档中进行定义，并且在 BPEL 流程中被引用。图 6-8 展示了 BPEL 流程定义和 WSDL 文档之间的映射关系。

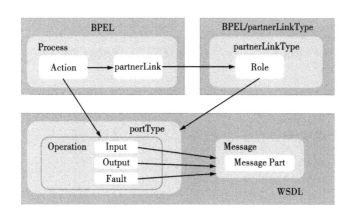

图 6-8　BPEL 流程定义和 WSDL 文档之间的映射关系

代码清单 6-1 展示了如何使用 partnerLink 和 partnerLinkType 定义流程与伙伴的合作关系。为了实现这种合作关系，需要在流程对应的 WSDL 文档中定义 partnerLinkType。partnerLinkType 在 WSDL 文档中的定义如代码清单 6-2 所示。

```
<partnerLinks>
  <partnerLink name = "client" partnerLinkType = "tns:TimesheetSubmissionType" myRole = "TimesheetSubmissionServiceProvider"/>
  < partnerLink name = " Invoice " partnerLinkType = " inv: InvoiceType " partnerRole = "InvoiceServiceProvider"/>
  < partnerLink name = " Timesheet " partnerLinkType = " tst: TimesheetType " partnerRole = "TimesheetServiceProvider"/>
  < partnerLink name = " Employee " partnerLinkType = " emp: EmployeeType " partnerRole = "EmployeeServiceProvider"/>
</partnerLinks>
```

代码清单 6-1　伙伴链接代码示例

```
<definitions name="Employee" targetNamespace="http://www.xmltc.com/tls/employee/wsdl/"
xmlns="http://schemas.xmlsoap.org/wsdl/"
xmlns:plnk= http://schemas.xmlsoap.org/ws/2003/05/partner-link/... >
<plnk:partnerLinkType name="EmployeeServiceType" xmlns = "http://schemas.xmlsoap.org/ws/2003/05/partner-link/">
<plnk:role name="EmployeeServiceProvider">
<portType name="emp:EmployeeInterface"/>.
</plnk:role>
</plnk:partnerLinkType>
...
</definitions>
```

代码清单 6-2　在 WSDL 文档中定义 partnerLinkType

在代码清单 6-2 中，定义了一个名为 EmployeeServiceType 的合作伙伴链接类型。该类型具有一个名为 EmployeeServiceProvider 的角色，其对应的 portType 为 emp：EmployeeInterface。这种定义使得多个合作伙伴链接可以共享相同的合作伙伴链接类型，从而提高了代码的复用性和灵活性。

2. 变量

在 BPEL 中，变量用于保存和传递流程的状态信息。这些信息可以是从合作伙伴那里接收到的消息，也可以是发送给合作伙伴的消息，还可能是与流程本身有关的状态消息，而不涉及合作伙伴间的通信。

BPEL 支持三种变量类型：

(1) 由 WSDL 文档定义的消息类型 (message type)；

(2) 由 XML Schema 定义的简单类型 (simple type)；

(3) 由 XML Schema 定义的元素 (element)。

使用变量前，需要通过 messageType、element 或 type 属性定义变量可以包含的数据类型。其中 messageType 属性允许变量包含整个 WSDL 文档定义的消息，element 属性表示一个 XSD 元素结构，type 属性表示一个 XSD 简单结构，如 string、integer 等。

变量在 BPEL 中具有作用域，每个变量只有在定义它的作用域以及所包含的作用域内才可见。属于全局流程作用域的变量称为全局变量，属于流程作用域的变量称为局部变量。BPEL 变量支持 4 种类型的表达式：布尔表达式、持续时间表达式、截止时间表达式和普通表达式。这些表达式可以归结为 XML Schema 中定义的 string、number 和 boolean 格式。此外，BPEL 还支持一些操作符，例如简单的算术运算（加、减、乘）、简单的比较运算（等于、不等于、小于、大于、小于等于、大于等于）、布尔运算（AND 和 OR 运算）以及对 XML 格式的操作符。当前的 BPEL 还可以通过外部的表达式语言来描述和计算表达式，可以通过 process 的 expressionLanguage 属性来指定表达式语言，目前仅支持 XPath1.0。

3. 活动

在 BPEL 中，活动是构成业务流程的基本单元，分为基本活动和结构化活动两类。

基本活动描述了流程内的具体步骤，是与外界进行交互最简单的形式，活动内不会嵌套其他活动。如图 6-9 所示，基本活动包括：

(1) receive：接受外部请求或消息；

(2) invoke：调用外部伙伴服务；

(3) reply：向请求方发送响应消息；

(4) assign：对变量进行赋值；

(5) throw：发出故障信号；

(6) exit：放弃所有流程实例的执行；

(7) wait：使流程等待一段时间或到达某个截止期限后再执行；

(8) empty：不执行任何动作。

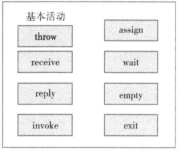

图 6-9　基本活动

结构化活动描述了如何组织和管理流程的控制流，规定了一组活动发生的顺序，可以被任意地嵌套和组合。如图 6-10 所示，结构化活动包括：

(1) sequence：按照定义的顺序处理一系列活动；

(2) while：在条件满足的情况下重复执行一个活动；

(3) switch：根据不同的条件选择处理不同的活动；

(4) flow：以平行或随意顺序处理一组活动；

(5) pick：按照外部事件的到达情况选择执行不同的分支。

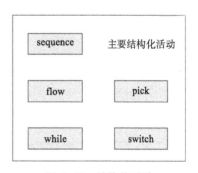

图 6-10　结构化活动

4. 关联集合

关联集合是一种声明性机制，用于指定服务实例中相关联的操作组。一组相关标记可定义为相关联的组中所有消息共享的一组特性，这样的一组特性称为关联集合（简称关联集）。每个关联集都在一个作用域中进行声明并属于该作用域。全局流程作用域中的关联集称为全局关联集，而局部作用域中的关联集称为局部关联集。在流程开始时，全局关联集处于未初始化状态，而在其所属作用域内，局部关联集也处于未初始化状态。关联集在其语义上类似于延迟绑定的常数。关联集的绑定由特别标记的消息发送或接收操作触发。每个关联集在其所属作用域的生命周期只能初始化一次。初始化后，其值可被认为是业务流程实例的标识别名。关联集在需要保持会话状态的 BPEL 业务需求以及多方业务协议中非常有用。例如，对于一个旅行社订票流程，启动之后用户可能需要查询该流程状态或取消该流程，这就需要关联集来确保将后续的请求消息绑定到相同的流程实例中。

5. 事件处理程序

整个流程以及每个作用域都可以与一组事件处理程序相关联，这些处理程序会在相应的事件发生时被并发调用。在事件处理程序中可以执行任何类型的活动，但是不允许使用 compensate 活动调用补偿处理程序。事件处理机制从作用域的开始被激活，之后等待事件的到来并执行内部行为，且随着作用域的结束而结束。事件处理程序主要处理两种类型的事件：一种是与 WSDL 中请求/响应或单向操作所对应的传入消息；另一种是超过用户设置的时间后发出的警报事件。

6. 事务与补偿机制

事务是指一组活动，它们作为同一单元，要么全部成功，要么全部失败。事务具有原子性（atomicity）、一致性（consistency）、隔离性（isolation）和持久性（durability），即 ACID 属性。由于业务流程可能需要持续很长时间，并且涉及外部服务，因此在流程完成之前，单个活动可能已经完成。如果随后某个事件或错误导致流程取消，已经完成的活动就需要被恢复。在这种情况下，我们使用补偿机制来完成任务。补偿处理旨在将流程状态回滚，使其回到进入作用域前的状态。通常，补偿处理通过调用一个效果相反的服务来实现。通过补偿处理程序，作用域可以描述通过应用程序定义的部分撤销行为。具有补偿处理程序的作用域可以任意深度地嵌套，补偿处理程序本质上是补偿活动的包装。在许多情况下，补偿处理程序需要接收当前状态的数据并返回关于补偿结果的数据。调用补偿处理程序的方法是使用 compensate 活动。

7. 异常管理

当活动执行过程中发生异常时，业务流程需要对错误进行处理。为此 BPEL 提供了异常处理机制，用户可以在业务流程中添加 faultHandler 来捕获和处理相应的异常。faultHandler 与特定的 Scope 关联，用于捕获 Scope 内产生的异常。当异常发生时，BPEL 正常执行流结束，控制流将转入 faultHandler 内执行。faultHandler 包含多个 catch 活动，每个 catch 活动能够拦截某种特定类型的故障。如果没有指定故障名，那么 catch 将拦截所有适合类型的故障，catchAll 表示默认的错误处理活动。

在异常处理器处理异常时，通常会尝试以下 3 种解决方案：

（1）分析该错误信息，并根据指定规则找到合适的行为进行处理；

（2）使用 rethrow 行为，将错误重新抛出；

（3）强制终止流程的执行。

Scope 活动为其中嵌套的活动提供故障处理功能和补偿处理功能。Scope 可以提供故障处理程序、补偿处理程序、数据变量和相关集。每个 Scope 有一个主要活动，定义其正常行为。主要活动可以是一个复杂的结构化活动，其中包含任意深度的嵌套活动，所有嵌套活动共享该 Scope。

在代码清单 6-3 中，异常处理器包括一个 catch 来捕获特定类型的故障（qname），以及一个 catchAll 来处理其他未指定类型的故障。捕获到特定类型的故障时，执行相应的处理逻辑，例如将错误信息写入输出消息中；而未捕获到特定类型的故障时，则执行默认的异常处理逻辑。

```
<faultHandlers>
    <catch faultName="qname" aultVariable="ncname">
        activity
    </catch>
    <catchAll>
        ……
    </catchAll>
</faultHandlers>
```

代码清单 6-3　异常处理示例代码

6.3.2　WS-BPEL 引擎

WS-BPEL 引擎的核心组件包括：

（1）BPEL 设计工具（BPEL designer）：通常基于 Eclipse 实现，用于创建和编辑 BPEL 流程。这些设计工具提供了图形化界面，使用户可以轻松地设计和调整流程，定义流程的步骤、条件和数据映射等。

（2）业务流模板（process flow template）：业务流模板是根据 BPEL 规范生成的 XML 文件，描述了业务流程的结构、逻辑和相关操作。这些模板在设计阶段由 BPEL 设计工具生成，运行阶段由 BPEL 引擎执行。

（3）BPEL 引擎（BPEL engine）：BPEL 引擎是 WS-BPEL 引擎的核心组件，负责执行符合 BPEL 标准的业务流模板。其主要功能包括调用 Web 服务、数据内容映射、错误处理、事务支持、安全等。

举例来说，对于一个审理文件的工作流系统，用户使用 BPEL 设计工具创建审批文件的业务流程，并生成相应的业务流模板。然后，将这些模板交给 BPEL 引擎执行，引擎读取模板文件，根据其中定义的流程逻辑来控制审批流程的执行，并调用相关的 Web 服务、处理数据映射、处理错误等。

主流的 WS-BPEL 引擎包括 Oracle BPEL Process Manager、WBI Server Foundation、BEA Integration 等商业产品，以及一些开源引擎如 ActiveVOS、Twiste、bexee、Fivesight PXE 等。这些引擎提供了强大的功能和性能，可以帮助组织实现业务流程的自动化和优化。

WS-BPEL 引擎结构图(图 6-11)中包含以下主要组件和元素：

(1) Web 服务容器：用于处理和管理 Web 服务的环境。伙伴服务提供者通过这个容器来发送消息和获得响应，实现与外部服务的通信。

(2) 流程创建管理器：负责管理和创建 BPEL 流程实例的组件。监测伙伴服务提供者发送的消息内容，查询对应的 BPEL 流程，并生成需要的流程实例。

(3) 数据库元素：代表一般的持久性存储，用于存储流程实例的状态信息、执行日志等数据。

(4) ActiveBPEL 引擎：是核心组件，负责解析、执行和管理 BPEL 流程。它与 Web 服务容器和数据库交互，处理来自服务提供者的消息，管理流程实例的状态和执行过程。引擎通常会伴有一个持续的管理者，该管理者在内存中记录每个流程实例的状态和相关信息，以便进行流程的监控和管理。

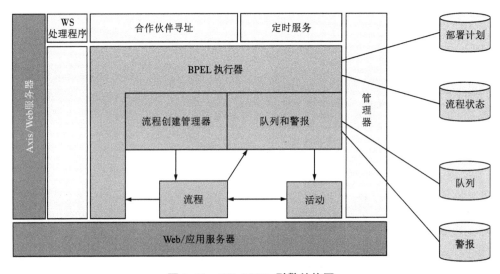

图 6-11　WS-BPEL 引擎结构图

WS-BPEL 引擎的工作流程可以分为以下几个步骤：

(1) 启动引擎：使用引擎工厂管理 ActiveBPEL 引擎的创建。引擎启动时，会根据默认配置值和读取的 AeEngineConfig.xml 文件进行配置。

(2) 创建流程：每个 BPEL 流程必须至少有一个起始活动。当起始活动被触发时，新的 BPEL 流程被创建。可以通过引入消息或活动警报触发起始活动。引擎会将引入的消息分派给正确的流程实例，并匹配相关的数据。如果没有相关的数据，则请求匹配一个新的活动，从而创建一个新的流程实例，流程创建图见图 6-12。

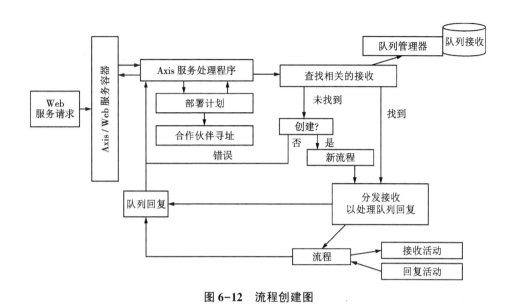

图 6-12 流程创建图

（3）输入和输出：ActiveBPEL 引擎不直接处理输入和输出，而通过协议规范处理器来处理。这些处理器（如 AeBpelRPCHandler 和 AeBpelDocumentHandler）负责将数据从一种特殊的协议转换为消息，反之亦然。

（4）数据处理：所有变量均通过 IAeVariable 接口实现。该接口允许获取变量的定义及其有效负载。如果变量被声明为元素或消息，处理方式会有所不同，消息的负载需要通过与部件对象交互的接口来处理。

（5）表达式计算：所有活动和链接允许使用表达式来描述各种属性。这些表达式需要一个兼容的方法来执行并描述它们之间的相互关系。IAeBpelObject 对象本身可以包含这些实现，并提供继承于对象的抽象基本类。

（6）调试及日志：在流程执行期间，ActiveBPEL 引擎会激活流程的事件。当日志启动时，AeEngineLogger 实例监听引擎的事件，并将每个流程的日志写入文件。一旦流程完成，文件关闭。

6.4 企业服务总线

6.4.1 ESB 的定义和功能

企业服务总线（enterprise service bus，ESB）是一种核心系统，用于构建面向服务体系架构的中枢神经系统，是为企业内部和外部服务提供集成和通信的基础设施。其主要功能包括：

（1）服务接入：利用适配器框架进行服务注册和查询，使得各种服务可以轻松地接入 ESB 中。

（2）消息中介：负责消息转换、消息路由和验证，确保消息在服务间可靠传递。包括格式转换、数据校验和安全性检查等操作。

(3) 消息传递：维护消息通道，定义消息结构和交换模式，实现消息的传递。

(4) 配置管理：管理环境配置，监控统计数据，处理异常情况，以确保 ESB 系统稳定运行。包括监控系统状态、性能优化和故障处理等方面。

ESB 的扩展功能使得它能够满足不同场景下的需求，提供更加灵活和可扩展的解决方案。其扩展功能包括：

(1) 服务库：存储服务的元数据信息，方便服务的管理和调用。包括服务描述、版本管理和文档化等功能。

(2) 图形化开发工具：提供用户友好的界面，帮助用户配置和管理 ESB。包括流程设计、消息路由规则配置等功能。

(3) 流程引擎：支持业务流程管理，实现复杂的流程控制和调度。ESB 可以管理和执行各种业务流程，提供业务逻辑的自动化处理。

(4) 规则引擎：根据事先定义的规则执行相关操作，增加系统的灵活性和可配置性。可以根据特定条件自动执行相应的动作，实现业务规则的自动化执行。

(5) 分布式架构：支持分布式部署，实现高可用性和横向扩展。ESB 可以部署在多个节点上，实现负载均衡和容错处理。

(6) 复杂事件处理：识别和处理系统中的复杂事件，触发相应的处理逻辑。监控系统中的事件流，识别复杂事件，并根据预定义的规则执行相应的动作。

6.4.2 ESB 关键技术

ESB 关键技术包括：

(1) 适配器框架：包括应用框架、类型框架和基础框架，用于适配多种协议和服务。适配器框架使得 ESB 能够与各种不同的系统和协议进行通信，无论是现有的遗留系统还是新的 Web 服务，都可以通过适配器与 ESB 进行集成。

(2) 消息传递：实现消息接口与不同服务的适配，从而实现 ESB 与各系统的信息交互。消息传递是 ESB 的核心功能之一，它负责确保消息在系统之间可靠传递，包括消息的发送、接收和传输。

(3) 消息转换：将消息格式转为适应目标服务的数据格式，使消息能够被目标服务正确处理。消息转换通常涉及将不同系统之间的数据格式进行转换，例如将 XML 格式的消息转换为 JSON 格式，或者将 SOAP 消息转换为 RESTful 格式等。

(4) 消息路由：通过一定的规则将消息从一个端点发送到另一个端点，实现信息的分发和路由。消息路由根据消息的内容、属性或者目标地址等条件，将消息从源端点路由到目标端点，从而实现系统之间的通信。

(5) 系统管理：使用中央控制总线管理各个消息的中介模块，实现配置、监控、测试等功能，保证服务稳定运行。系统管理是 ESB 运维和管理方面的关键技术，它包括配置管理、监控统计、性能优化、故障处理等功能，确保 ESB 系统能够持续稳定地运行。

这些关键技术共同构成了 ESB 的核心功能，为企业提供了一个灵活、可扩展和可靠的集成平台，支持企业内外部服务之间的无缝连接和通信。

6.5 本章小结

本章介绍了 WS-BPEL 引擎和 ESB 的核心概念和功能。WS-BPEL 引擎是用于执行和管理业务流程的关键组件,而 ESB 则是构建面向服务体系结构的核心系统。WS-BPEL 引擎负责解析、执行和监控 BPEL 流程,实现业务流程的自动化和保证其可靠性;而 ESB 提供了服务接入、消息中介、消息传递和配置管理等功能,帮助实现异构系统之间的可靠交互和松耦合关系。在 WS-BPEL 引擎的结构中,Web 服务器处理与外部服务的通信,流程创建管理器管理 BPEL 流程实例,而 ActiveBPEL 引擎负责流程的解析和执行。而在 ESB 中,适配器框架、消息传递、消息转换、消息路由和系统管理等关键技术共同实现了服务接入、消息中介、消息传递和配置管理等核心功能。这些技术和组件为企业级应用的构建提供了重要支持,帮助实现灵活、可靠和可扩展的服务化架构。

参考文献

[1] ERL T. Service-Oriented Architecture: Concepts, Technology, and Design[M]. New Jersey: Prentice Hall, 2005.

[2] BPEL. OASIS WS-BPEL Extension for People (BPEL4People) Technical Committee[EB/OL]. https://www.oasis-open.org/committees/bpel4people/charter.php.

[3] ANDREWS T, CURBERA F, DHOLAKIA H, et al. Business Process Execution Language for WebServices (BPEL4WS) 1.1[EB/OL]. http://www-106.ibm.com/developerworks/webservices/library/ws-bpel.

[4] BARROS A, DUMAS M, OAKS P. A critical overview of the web services choreography descriptionlanguage [J]. BPTrends Newsletter, 2005, 3: 1-24.

[5] CHINNICI R, GUDGIN M, MOREAU J J, et al. Web Services Description Language (WSDL) 1.2[EB/OL]. http://www.w3.org/TR/wsdl/.

[6] XML Schema. XML Schema Part 0: Primer Second Edition[EB/OL]. https://www.w3.org/TR/xmlschema-0/.

[7] XPathl. XML Path Language (XPath) Version 1.0[EB/OL]. https://www.w3.org/TR/1999/REC-xpath-19991116/.

[8] CHAPPELL D A. Enterprise service bus: Theory inpractice[M]. California: O'Reilly Media, Inc., 2004.

第 7 章 Web 服务实现

7.1 Web 服务封装

7.1.1 C++系列

在 C++语言中，使用 gSOAP 编译工具可以轻松地将代码转换为符合 XML 语法的数据结构，并生成相应的 WSDL 文档，实现 Web 服务的封装。gSOAP 工具具有简单易用、占用内存小、生成代码的速度快等优点，因此得到广泛的应用。

以下是在 Linux 系统下使用 gSOAP 编译工具进行 Web 封装的步骤：

（1）安装 gSOAP 编译工具：使用命令"apt install gsoap"直接在 Linux 系统中安装 gSOAP 编译工具。

（2）编写头文件：在 C++语言层面编写代码并进行封装（参考示例见代码清单 7-1）。

（3）生成 WSDL 文档：使用命令"soapcpp2 -j -SL -I/path/to/gsoap/import 源文件"，即可成功生成 WSDL 文档。

通过以上步骤，可以有效地利用 gSOAP 工具将 C++代码转换为符合 XML 语法的数据结构，并生成相应的 WSDL 文档，实现 Web 服务的封装。

```
//gsoap ns service style: rpc
//gsoap ns service namespace: http://端口:IP/addServer.wsdl
//gsoap ns service location: http://端口:IP
//gsoap ns service encoding: encoded
//gsoap ns2 schema namespace: urn:add
//gsoap ns2 service name:add

int ns2__add(
    double a,           // Input parameter
    double b,           // Input parameter
    double * result     // Output parameter
);
```

代码清单 7-1 Web 服务封装（C++系列）

7.1.2 Java 系列

在 Java 系列中，要封装 Web 服务，首先需要安装 Tomcat 作为 Web 服务器，并使用 Axis2 作为 Web 服务引擎。以下是使用开发工具 IntelliJ Idea 封装 Web 服务的详细步骤，其中调用细节将在 7.2.2 小节详细描述。

准备工作如下：

(1) 安装 Tomcat 并配置环境变量：双击 bin 目录下的 startup 程序启动 Tomcat，并通过访问网址 http://127.0.0.1:8080/ 确认 Tomcat 是否成功启动。

(2) 下载和配置 Axis2：下载 Axis2，并将其解压放置在 Tomcat 的 webapps 目录下。再次启动 Tomcat，并通过访问 http://127.0.0.1:8080/axis2/ 确认 Axis2 是否成功配置。

使用 IntelliJ Idea(以 2020 年 2 月版本为例)封装 Web 服务的步骤如下：

(1) 创建普通 Java 项目：在 IntelliJ IDEA 中创建一个普通的 Java 项目。

(2) 添加框架支持：在项目下选择 Add Frameworks Support，并选择使用 Apache Axis 自动生成 HelloWorld 代码(图 7-1 和图 7-2)，读者可根据需求自行添加功能代码。

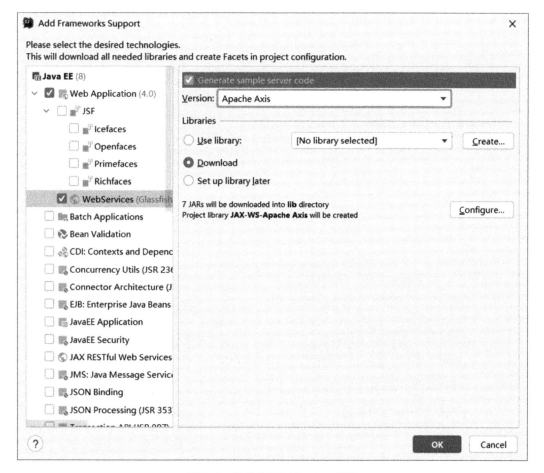

图 7-1　设置为 WebServices 项目

图 7-2 自动生成 HelloWorld 代码

（3）选择 Tool 菜单中的 WebServices 项，以生成 WSDL 代码，如图 7-3 所示。

图 7-3 生成 WSDL 代码

(4)配置 Tomcat,确保 Tomcat 已经正确安装和配置,并且可以通过命令行或者启动程序启动,如图 7-4 所示。

图 7-4 配置 Tomcat

(5)配置 Project Artifact,确保项目 Artifact 已正确配置,以便正确部署 Web 服务,如图 7-5 所示。

图 7-5 配置 Project Artifact

（6）启动 IntelliJ Idea，并在浏览器中输入网址 http：//127.0.0.1：8080/services 来检查是否成功发布 HelloWorld 服务，如图 7-6 所示。

图 7-6 查看服务

（7）在浏览器中输入网址 http：//127.0.0.1：8080/services/HelloWorld？wsdl，即可获取对应的 XML 文件，以查看服务的描述信息，如图 7-7 所示。

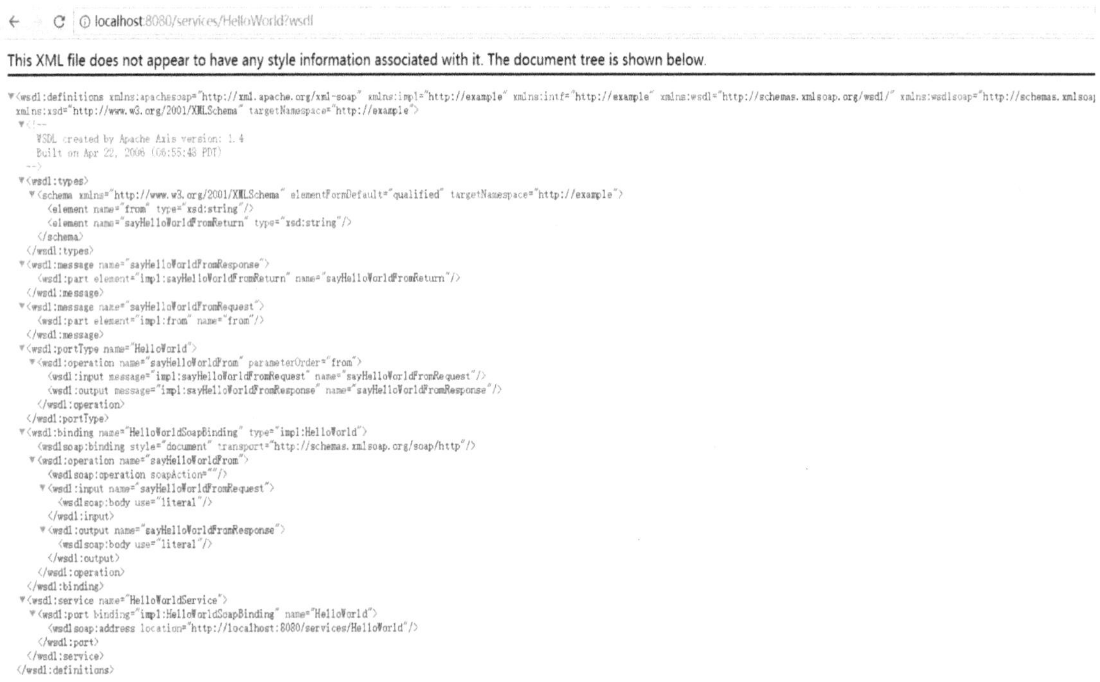

图 7-7 发布的 HelloWorld 服务

7.1.3 Python 系列

Python 系列的 Web 服务封装主要依赖于 Python 强大的库文件。在 Python 中，可以使用"spyne"包和"suds-jurko"包来实现 Web 服务的封装。

以封装一个简单的"Hello World"服务为例，如代码清单 7-2 所示(具体调用详见 7.2.3 小节)。

```python
from spyne import Application
from spyne import rpc
from spyne import ServiceBase
from spyne import Iterable, Integer, Unicode
from spyne.protocol.soap import Soap11
from spyne.server.wsgi import WsgiApplication
from wsgiref.simple_server import make_server
class HelloWorldService(ServiceBase):
    @rpc(Unicode, Integer, _returns=Iterable(Unicode))
    def say_hello(self, name,times):
        for i in range(times):
            yield u' Hello World, %s' % name
soap_app = Application([HelloWorldService], ' spyne.examples.hello.soap',
                       in_protocol=Soap11(validator=' lxml' ),
                       out_protocol=Soap11())
wsgi_app = WsgiApplication(soap_app)
if __name__ == '__main__':
    server = make_server(' 127.0.0.1', 8081, wsgi_app)
    server.serve_forever()
```

代码清单 7-2　Web 服务封装

首先，需要安装所需的库文件，包括"spyne"和"suds-jurko"；然后，编写 Python 代码来定义服务，调用"serve_forever()"函数使程序可以持续开启状态，一旦运行程序，服务就已经启动了；最后，在浏览器中输入"http://127.0.0.1:8081/?wsdl"查看服务的 XML 文件，其中包含了服务的描述信息。

7.2　Web 服务调用

7.2.1　C++系列

一旦使用编译器 gSOAP 成功封装了 Web 服务，其调用就相对简单。以下示例源自官方网站("https://www.genivia.com/dev.html")：

(1)新建 calc.h 文件：在此文件中定义了服务接口，参见代码清单 7-3。

(2)执行命令：运行命令"soapcpp2 -j -CL -I/path/to/gsoap/import calc.h"，该命令将生成一些所需的文件，包括 WSDL 文档。

```
//gsoap ns2    schema namespace:       urn:calc
//gsoap ns2    schema form:            unqualified
//gsoap ns2    service name:           calc
//gsoap ns2    service type:           calcPortType
//gsoap ns2    service port:           http://websrv.cs.fsu.edu/~engelen/calcserver.cgi
//gsoap ns2    service namespace:      urn:calc
//gsoap ns2    service transport:      http://schemas.xmlsoap.org/soap/http
//gsoap ns2    service method- protocol:         add SOAP
//gsoap ns2    service method- style:            add rpc
//gsoap ns2    service method- encoding: add http://schemas.xmlsoap.org/soap/encoding/
//gsoap ns2    service method- action:           add ""
//gsoap ns2    service method- output- action: add Response
int ns2__add(
    double a,              // Input parameter
    double b,              // Input parameter
    double &result         // Output parameter
);
```

代码清单 7-3　calc.h 文件

（3）创建 calcclient.cpp：其将作为客户端执行代码，参见代码清单 7-4。

（4）编译客户端代码：使用命令 "c++ -o addClient addClient.cpp soapC.cpp soapProxy.cpp -lgsoap++" 编译客户端代码。

（5）执行客户端代码：执行命令 "./calcclient" 以启动客户端。

```
#include "calc.nsmap"          // XML namespace mapping table
#include "soapcalcProxy.h"     // the proxy class, also #includes "soapH.h" and "soapStub.h"
int main()
{
    calcProxy calc;
    double sum;
    if (calc.add(1.23, 4.56, sum) == SOAP_OK)
        std::cout << "Sum = " << sum << std::endl;
    else
        calc.soap_stream_fault(std::cerr);
    calc.destroy(); // same as: soap_destroy(calc.soap); soap_end(calc.soap);
}
```

代码清单 7-4　calcclient.cpp

7.2.2　Java 系列

本节演示 HelloWorld 服务的调用方法，具体步骤如下：

（1）创建普通 Java 项目。

（2）生成 WebServices Client：在项目下选择 Add Frameworks Support，然后选择创建 WebServices Client，选择 Apache Axis 的方式生成代码，如图 7-8 所示。

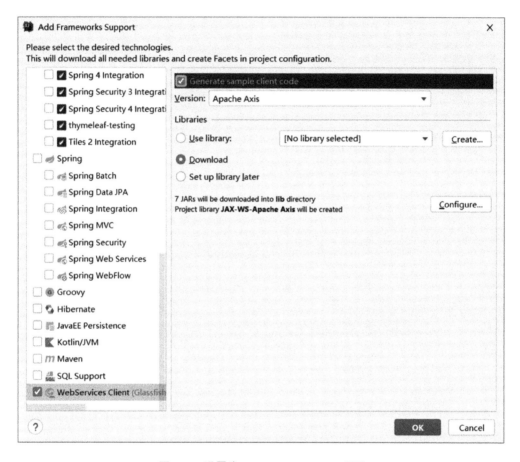

图 7-8　设置为 WebServices Client 项目

（3）设置输出路径并生成 WSDL 代码：在项目的 src 目录下创建一个名为 client 的包，作为代码生成的输出路径，选择 Tool 中的 WebServices 项，获取服务 XML 文件的 URL，并生成 WSDL 代码。如图 7-9 所示。请注意：为保证成功生成代码，需确保服务器处于运行状态。

（4）编写 WebService Client 文件：创建一个新的 WebService Client 文件，并修改其中的代码以调用目标服务。如代码清单 7-5 所示。

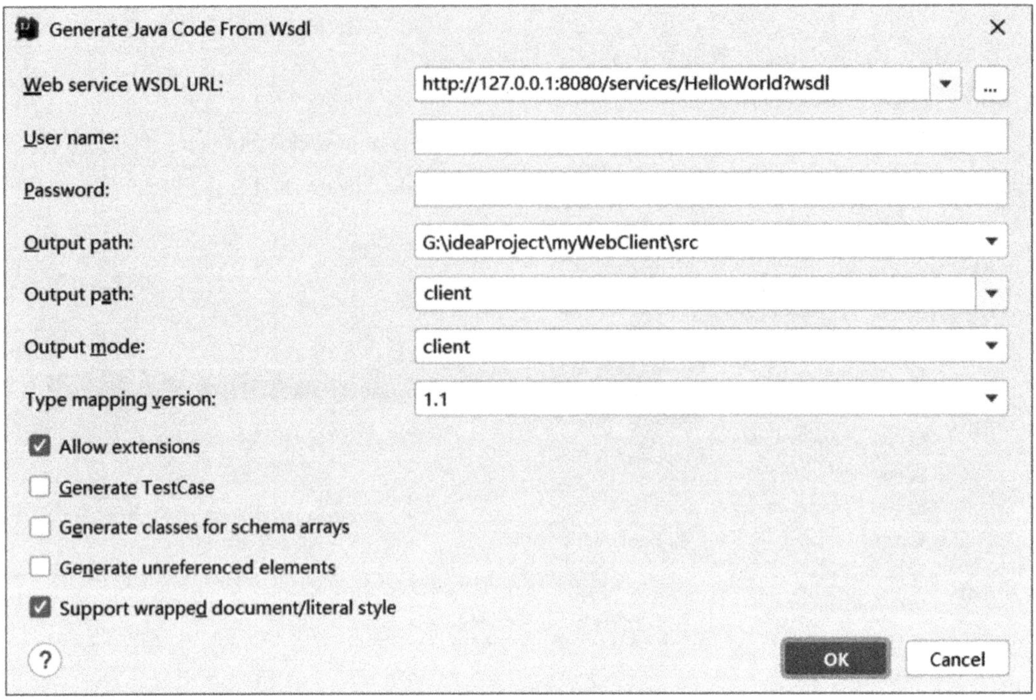

图 7-9　生成客户端代码

```
public class HelloWorldClient {
  public static void main(String[] argv) {
    try {
      HelloWorldServiceLocator locator = new HelloWorldServiceLocator();
      HelloWorld_PortType service = locator.getHelloWorld();
      // If authorization is required
      //((HelloWorldSoapBindingStub)service).setUsername("user");
      //((HelloWorldSoapBindingStub)service).setPassword("pass");
      // invoke business method
      String str = service.sayHelloWorldFrom("SOA");
      System.out.println(str);
    } catch (javax.xml.rpc.ServiceException ex) {
      ex.printStackTrace();
    } catch (java.rmi.RemoteException ex) {
      ex.printStackTrace();
    }
  }
}
```

代码清单 7-5　HelloWorldClient.java

（5）运行程序：如图 7-10 所示，运行程序，检查调用是否成功，结果将显示在控制台上。

```
Run:    HelloWorldClient
  ↑     F:\JDK\bin\java.exe ...
  ↓     log4j:WARN No appenders could be found for logger (org.apache.axis.i18n.ProjectResourceBundle).
        log4j:WARN Please initialize the log4j system properly.
        Hello, world, from SOA

        Process finished with exit code 0
```

图 7-10 成功调用服务

7.2.3 Python 系列

基于 Python 封装的 Web 服务调用只需根据实际情况修改被调用服务的地址，如代码清单 7-6 所示。

```python
from suds.client import Client
wsdl_url = "http://localhost:8081/? wsdl"
def say_hello_test(url, name, times):
    client = Client(url)
    client.service.say_hello(name, times)
    str = client.service.say_hello(name,2)
    print str
if __name__ == '__main__':
    say_hello_test(wsdl_url, 'SOA', 2)
```

代码清单 7-6 Python 实现 Web 服务调用

7.3 本章小结

本章主要介绍了 Web 服务的实现和调用过程。通过不同语言的封装示例，展示了如何创建和发布基本的 Web 服务。在 C++ 中，使用 gSOAP 编译器进行封装，并通过客户端代码实现调用；在 Java 中，使用 Axis2 框架创建 WebService，并通过生成的客户端代码调用服务；在 Python 中，通过 spyne 库创建 WebService，并通过简单的调用函数实现调用。这些示例向读者展示了 Web 服务的创建、发布和调用过程，为其实际应用提供了指导和参考。

参考文献

［1］ Axis2. Welcome to Apache Axis2/Java［EB/OL］. https：//axis. apache. org/axis2/java/core/.
［2］ Spyne. arskom/spyne［EB/OL］. https：//github. com/arskom/spyne.
［3］ suds-jurko. suds-jurko 0.6［EB/OL］. https：//pypi. org/project/suds-jurko/.

第 8 章　RESTful API 实现

8.1　RESTful API 封装

8.1.1　C++系列

本节介绍了如何使用 C++进行 RESTful API 的开发，采用了开源的 C++ REST 框架 ngrest 来简化开发过程。

（1）在 Ubuntu 20.04 虚拟机中安装 ngrest，安装命令为

$$wget-qO-http://bit.ly/ngrest\,|\,bash$$

图 8-1 为 ngrest 安装完成图。

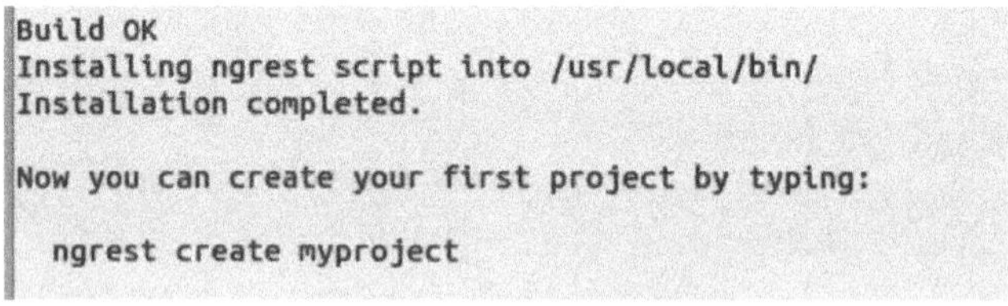

```
Build OK
Installing ngrest script into /usr/local/bin/
Installation completed.

Now you can create your first project by typing:
  ngrest create myproject
```

图 8-1　ngrest 安装完成图

（2）按照终端提示，使用 ngrest create HelloWorld 创建一个新项目，如图 8-2 所示。

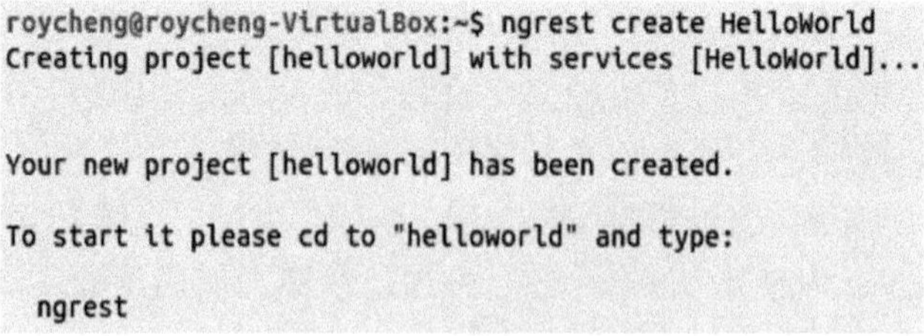

```
roycheng@roycheng-VirtualBox:~$ ngrest create HelloWorld
Creating project [helloworld] with services [HelloWorld]...

Your new project [helloworld] has been created.

To start it please cd to "helloworld" and type:
  ngrest
```

图 8-2　使用 ngrest 创建项目

项目文件夹/helloworld/helloworld/src 中包含了 HelloWorld.cpp 和 HelloWorld.c 文件。其中 HelloWorld.c 文件内容如图 8-3 所示。

（3）HelloWorld.c 文件中已经封装了一个 API，其输入和输出类型均为 string，且请求方法为 GET。根据需求修改或添加 API，修改后的文件内容如图 8-4 所示。

第 8 章 RESTful API 实现

```
 1 // This file generated by ngrestcg
 2 // For more information, please visit: https://github.com/loentar/ngrest
 3
 4 #ifndef HELLOWORLD_H
 5 #define HELLOWORLD_H
 6
 7 #include <ngrest/common/Service.h>
 8
 9 //! Dummy description for the service
10 /*! Some detailed description of the service */
11 // '*location' comment sets resource path for this service
12 // *location: helloworld
13 class HelloWorld: public ngrest::Service
14 {
15 public:
16     // Here is an example of service operation
17     //! Dummy description for the operation
18     /*! Some detailed description of the operation */
19     // To invoke this operation from browser open: http://localhost:9098/helloworld/World!
20     //
21     // '*location' metacomment sets path to operation relative to service operation.
22     // Default value is operation name.
23     // This will bind "echo" method to resource path: http://host:port/helloworld/{text}
24     // *location: /{text}
25     //
26     // '*method' metacomment sets HTTP method for the operation. GET is default method.
27     // *method: GET
28     //
29     std::string echo(const std::string& text);
30 };
```

图 8-3　HelloWorld.c 文件内容

```
 1 // This file generated by ngrestcg
 2 // For more information, please visit: https://github.com/loentar/ngrest
 3
 4 #ifndef HELLOWORLD_H
 5 #define HELLOWORLD_H
 6
 7 #include <ngrest/common/Service.h>
 8
 9 //! Dummy description for the service
10 /*! Some detailed description of the service */
11 // '*location' comment sets resource path for this service
12 // *location: helloworld
13 class HelloWorld: public ngrest::Service
14 {
15 public:
16     // Here is an example of service operation
17     //! Dummy description for the operation
18     /*! Some detailed description of the operation */
19     // To invoke this operation from browser open: http://localhost:9098/helloworld/World!
20     //
21     // '*location' metacomment sets path to operation relative to service operation.
22     // Default value is operation name.
23     // This will bind "echo" method to resource path: http://host:port/helloworld/{text}
24     // *location: /{text}
25     //
26     // '*method' metacomment sets HTTP method for the operation. GET is default method.
27     // *method: GET
28     //
29     std::string echo(const std::string& text);
30
31     // *method: POST
32     // *location: /add
33     int add(int a, int b);
34 };
35
36
37 #endif // HELLOWORLD_H
```

图 8-4　修改后的 HelloWorld.c 文件内容

（4）在 HelloWorld.c 文件中添加一个功能为两个数相加的 API，使用 POST 请求方法，访问路径为/add。

（5）在 HelloWorld.cpp 文件中实现新增 API 的功能，编写后的 HelloWorld.cpp 文件如图 8-5 所示。

至此，成功完成了 RESTful API 的封装工作。详细的 API 调用方法请参见第 8.2.1 节。

```cpp
1  // This file generated by ngrestcg
2  // For more information, please visit: https://github.com/loentar/ngrest
3
4  #include "HelloWorld.h"
5
6  std::string HelloWorld::echo(const std::string& text)
7  {
8      return "Hi, " + text;
9  }
10
11 int HelloWorld::add(int a, int b)
12 {
13     return a + b;
14 }
```

图 8-5　编写后的 HelloWorld.cpp 文件

8.1.2　Java 系列

本节将介绍如何使用 SpringBoot 框架结合 Java 开发 RESTful API。开发环境配置如表 8-1 所示。

表 8-1　开发环境配置

开发环境	版本	备注
JDK	Jdk-13.0.2	2019-03
开发工具	IntelliJ IDEA	2019-03
数据库	Mysql	8.0.19-winx64
可视化 Mysql 工具	Navicat	12.1.11
测试工具	Postman	7.28.0

在 SpringBoot 中，常用的几个注解包括：

1. @RestController

@RestController 注解相当于@ResponseBody 和@Controller 两个注解的结合。它的作用是将 Controller 中的方法返回的数据直接转换为 JSON 或其他格式的数据，而不是返回视图页面。因此，使用@RestController 注解的 Controller 主要用于构建 RESTful API，要求返回的数据格式为 JSON。

2. @RequestParam 和 @PathVariable

@ RequestParam 和@ PathVariable 注解用于处理请求中的参数，但它们在 URI 的使用方式上略有不同。@ RequestParam 注解的 URI 形式为："...path？参数名=参数值"，它用于处理查询参数，将请求中的参数值映射到方法的参数上。@ PathVariable 注解的 URI 形式为："...port/path/参数值"，它用于处理 RESTful 风格的 URI 路径参数，将路径中的参数值映射到方法的参数上。@ RequestParam 和@ PathVariable 的区别如图 8-6 所示。

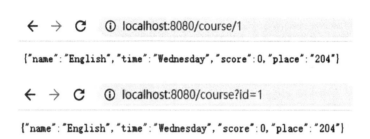

图 8-6　@**RequestParam** 和@**PathVariable** 的区别

3. @RequestMapping

@ RequestMapping 注解用于处理请求地址映射，可以在类和方法上使用。在类上使用时，@ RequestMapping 注解表示该类中所有方法的请求地址的公共前缀。可以指定请求方法，若不指定，则默认为 GET 方法。

4. @RequestBody

@ RequestBody 注解通常用于处理请求中的 JSON 或 XML 格式数据。它将 body 中所有的 JSON 或 XML 格式数据传递到后端进行解析。需要注意的是，JSON 数据中的 key 需要与后端的实体类属性一一对应。若不对应，可使用@ JsonAlias 或@ JsonProperty 注解进行处理。这两个注解的使用方法略有差异，读者可以查阅资料了解详情。

5. @ResponseBody

在 RESTful API 规范中，要求 API 的响应需序列化成 JSON 格式。在 SpringBoot 中，只需在 Controller 类或方法上增加@ ResponseBody 注解，即可自动完成序列化，将响应转换为 JSON 格式。

接下来，我们将使用 SpringBoot 创建一个项目，实现 RESTful，并完成简单的 CRUD 操作。普通 CRUD 和 RESTfulCRUD 的区别如表 8-2 所示。

表 8-2　普通 CRUD 和 RESTfulCRUD 的区别

操作	普通 CRUD	RESTful CRUD
获取	/getCourse？id=×××	/course/{id}----GET
添加	/addCourse？id=×××&…	/course----POST
修改	/updateCourse？id=×××&…	/course/{id}----PUT
删除	/deleteCourse？id=×××	/course/{id}----DELETE
查询	/listCourse	/courses----GET

以模拟学生课程操作为例创建 RESTful 的 CRUD 方法如下：

（1）新建一个名为 courses 的数据库和一个 course 表，并向表中插入几条用例数据，如代码清单 8-1 所示。

```
CREATE DATABASE courses;
use courses;
CREATE TABLE 'course' (
'course_id' varchar(11) NOT NULL,
'name' varchar(255) DEFAULT NULL,
'time' varchar(255) DEFAULT NULL,
'score' int(11) DEFAULT NULL,
'place' varchar(255) DEFAULT NULL,
PRIMARY KEY (id)
) ENGINE=InnoDB DEFAULT CHARSET=utf8;
INSERT INTO 'course' VALUES ('001','Math','Monday',95,'A504');
INSERT INTO 'course' VALUES ('002','English','Wednesday',85,'A502');
INSERT INTO 'course' VALUES ('003','SOA','Thursday',90,'A402');
INSERT INTO 'course' VALUES ('004','ML','Tuesday',93,'A404');
```

代码清单 8-1　创建数据库所用 SQL 语句

（2）使用 IDEA 新建一个 maven 项目，并在 pom.xml 文件中添加如代码清单 8-2 所示依赖项。这里仅展示案例所需依赖，读者可根据实际情况导入所需依赖。

```xml
<dependency>
  <groupId>org.springframework.boot</groupId>
  <artifactId>spring-boot-starter-web</artifactId>
</dependency>
<dependency>
  <groupId>org.springframework.boot</groupId>
  <artifactId>spring-boot-devtools</artifactId>
  <scope>runtime</scope>
</scope>
```

```xml
    <optional>true</optional>
</dependency>
<dependency>
    <groupId>org.springframework.boot</groupId>
    <artifactId>spring-boot-starter-test</artifactId>
    <scope>test</scope>
</dependency>
<!-- mysql -->
<dependency>
    <groupId>mysql</groupId>
    <artifactId>mysql-connector-java</artifactId>
    <version>5.1.22</version>
</dependency>
<!-- jpa -->
<dependency>
    <groupId>org.springframework.boot</groupId>
    <artifactId>spring-boot-starter-data-jpa</artifactId>
</dependency>
<dependency>
    <groupId>junit</groupId>
    <artifactId>junit</artifactId>
    <version>4.12</version>
    <scope>test</scope>
</dependency>
```

代码清单 8-2　pom.xml 所需部分依赖

（3）修改 application.properties 配置文件，将 Database_address：port 修改为自己的数据库地址，如代码清单 8-3 所示。

```
spring.datasource.url=jdbc:mysql://Database_address:port/course?characterEncoding=UTF-8
spring.datasource.driver-class-name=com.mysql.jdbc.Driver
spring.datasource.username=username
spring.datasource.password=password
spring.jpa.properties.hibernate.hbm2ddl.auto=update
```

代码清单 8-3　application.properties

(4)添加实体类 Course(代码清单 8-4)。

```java
package com.soa.restful.demo.pojo;
import com.fasterxml.jackson.annotation.JsonIgnoreProperties;
import javax.persistence.Column;
import javax.persistence.Entity;
import javax.persistence.Id;
import javax.persistence.Table;
@Entity //实体类
@Table(name = "course")//对应的表
@JsonIgnoreProperties({ "handler", "hibernateLazyInitializer" })
public class Course {
    @Id//主键
    @Column(name = "course_id")
    private int course_id;
    @Column(name = "name")
    private String name;
    @Column(name = "time")
    private String time;
    @Column(name = "score")
    private int score;
    @Column(name = "place")
private String place;
    public int getCourse_id() {
            return course_id;
    }
    public void setCourse_id(int course_id) {
            this.course_id = course_id;
    }
    public String getName() {
            return name;
    }
    public void setName(String name) {
            this.name = name;
    }
    public String getTime() {
            return time;
    }
```

```java
    public void setTime(String time) {
        this.time = time;
    }
    public int getScore() {
        return score;
    }
    public void setScore(int score) {
        this.score = score;
    }
    public String getPlace() {
        return place;
    }
    public void setPlace(String place) {
        this.place = place;
    }
    @Override
    public String toString() {
        return "Course [id=" + course_id + ", name=" + name + ", score=" + score + "]";
    }
}
```

代码清单 8-4　Course.java

（5）添加相关的 DAO 类 CourseDAO（代码清单 8-5）。可以使用 Sun 提出的 Java 持久化规范，如 Hibernate、TopLink 等，默认情况下使用 Hibernate。

```java
package com.soa.restful.demo.dao;
import com.soa.restful.demo.pojo.Course;
import org.springframework.data.jpa.repository.JpaRepository;
public interface CourseDAO extends JpaRepository<Course, Integer>{
}
```

代码清单 8-5　CourseDAO.java

（6）添加 CourseController（代码清单 8-6），在其中提供了两个方法来直观说明 @RequestParam 和 @PathVariable 两个注解的区别和使用。

完成上述步骤后，启动 SpringBoot 项目，并使用 Postman 对封装好的 RESTful API 进行测试。图 8-7~图 8-12 为测试结果，所有方法均通过测试，说明项目成功实现了 RESTful 风格的 API。

```java
package com.soa.restful.demo.controller;
import java.util.List;
import com.soa.restful.demo.dao.CourseDAO;
import com.soa.restful.demo.pojo.Course;
import org.springframework.beans.factory.annotation.Autowired;
import org.springframework.web.bind.annotation.* ;
@RestController
public class CourseController {
    @Autowired
    CourseDAO courseDAO;
    @GetMapping("/course/{id}")
    public Object getCourseByPathVariable(@PathVariable("id") int id) {
        return courseDAO.getOne(id);
    }
    @GetMapping("/course")
    public Object getCourseByRequestParam(@RequestParam("id") int id) {
        return courseDAO.getOne(id);
    }
    @GetMapping("/courses")
    public Object listCourses(){
        return courseDAO.findAll();
    }
    @PostMapping("/course")
    public Object addCourse(Course s){
        courseDAO.save(s);
        return courseDAO.findAll();
    }
    @PutMapping("/course")
    public Object updateCourse(Course s){
        courseDAO.save(s);
        return courseDAO.findAll();
    }
    @DeleteMapping("/course/{id}")
    public Object deleteCourse (@PathVariable("id") int  id){
        courseDAO.deleteById(id);
        return courseDAO.findAll();
    }
}
```

代码清单 8-6　CourseController.java

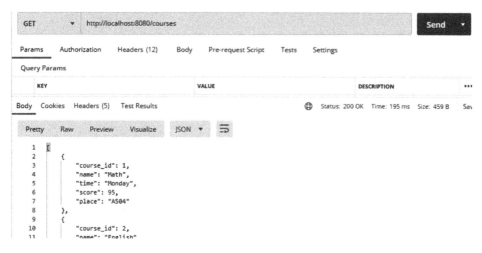

图 8-7　测试 listCourses( ) 方法

图 8-8　测试 getCourseByPathVariable( ) 方法

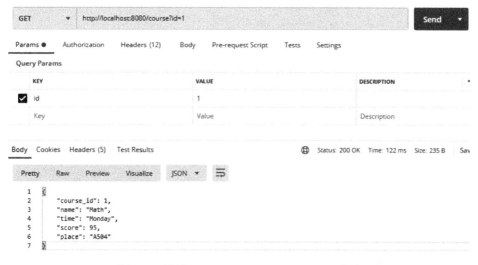

图 8-9　测试 getCourseByRequestParam( ) 方法

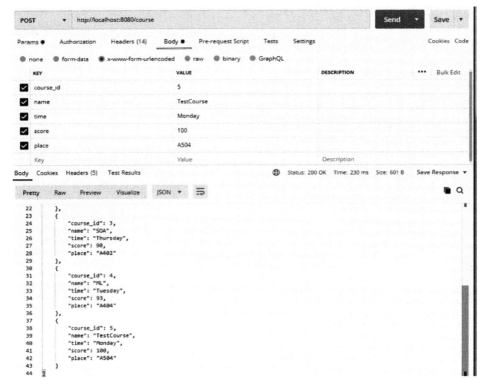

图 8-10　测试 addCourse( )方法

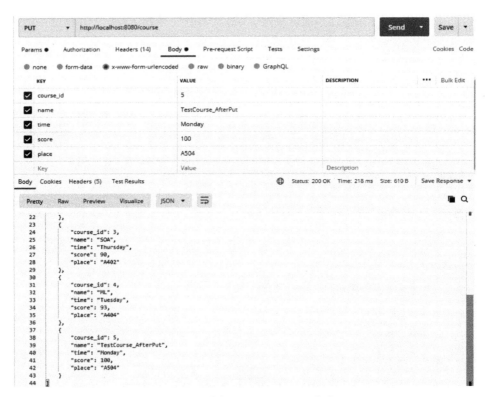

图 8-11　测试 updateCourse( )方法

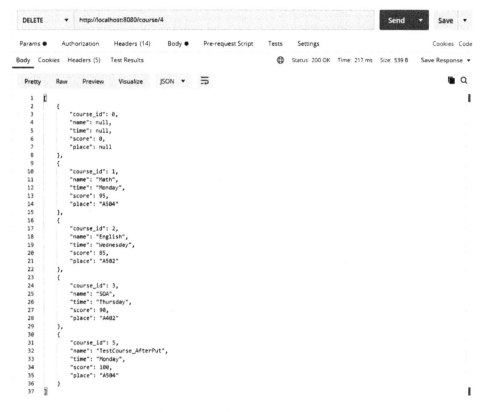

图 8-12　测试 deleteCourse( ) 方法

8.1.3　Python 系列

本节将介绍如何使用 Django 框架结合 Python 开发 RESTful API。Django 是一个功能强大的 Python Web 框架，能够快速创建高性能、易维护的 Web 应用。

（1）安装 Django，可以通过 pip 命令安装（使用清华源）：

```
pip install Django - i https://pypi.tuna.tsinghua.edu.cn/simple
```

（2）安装 Django 后，还需要安装 Django REST framework 来实现 RESTful API。这个模块可以通过在 Django 配置中将 models 中的 class 实现为 RESTful API。同样，可以使用清华源进行安装：

```
pip install djangorestframework
pip install markdown
pip install django- filter
pip install pymysql
```

（3）安装好 Django 及相关配置后，就可以创建 Django 项目：

```
django- admin startproject <项目名称>
```

如果执行上述命令时出现"ImportError：No module named django.core"错误，则可能是因为 Diango 未正确安装或者环境配置不正确。读者可以尝试"djano-admin-exe startproject <项目名称>"命令创建项目。创建好的项目会有一个初始目录，其中各个文件的作用如表 8-3 所示。

表 8-3　Django 目录

文件名	作用
__init__.py	初始化文件
settings.py	配置文件
urls.py	记录了 URL 和 view 的对应关系
wsgi.py	在启动时使用此模块做 Web Server
manage.py	管理文件

（4）使用以下命令在项目中创建一个 app：

```
python manage.py startapp <app_name>
```

创建好的 app 也会有一个初始目录，其中各个文件的作用如表 8-4 所示。

表 8-4　app 目录

文件名	作用
__init__.py	初始化文件
admin.py	后台
app.py	App 的一些配置
models.py	有关于数据库的操作
tests.py	测试
views.py	处理用户请求

（5）创建好 app 之后，需要在 settings.py 中的 INSTALLED_APPS 中加入如下代码：

```
INSTALLED_APPS = [
  …
  'rest_framework',
  '<app_name>',
]
```

代码清单 8-7　INSTALLED_APPS 添加代码示例

(6)在<app_name>/views.py 下添加如下代码：

```
def index(request):
    return HttpResponse(u"This is the index of <app_name>")
```

代码清单 8-8　views.py 添加代码示例

(7)在 urls.py 中配置如下代码：

```
from <app_name> import views as <app_name>_views
urlpatterns = [
    …
    url(r'^$',<app_name>_views.index),
]
```

代码清单 8-9　urls.py 配置

完成项目创建后，使用 python manage.py runserver 启动项目时，可以在网页上看到显示 This is the index of <app_name>，类似于 Hello World 的效果。

(8)连接数据库。在 settings.py 的 DATABASES 配置中添加代码(代码清单 8-10)，数据库参数与之前相同，这里不再赘述。

```
DATABASES = {
    'default': {
        'ENGINE': 'django.db.backends.mysql',
        'NAME': '<table_name>',
        'USER': '<username>',
        'HOST': '< Database_address >',
        'PASSWORD': '<password>',
        'PORT': <port>,
        'OPTIONS': {'charset': 'utf8mb4'},
    }}
```

代码清单 8-10　DATABASES 添加代码示例

(9)在_init_.py 文件中添加代码(代码清单 8-11)，请注意，如果不添加第二行的代码，可能会出现版本错误：

```
import pymysql
pymysql.version_info = (1, 4, 13, "final", 0)
    pymysql.install_as_MySQLdb()
```

代码清单 8-11　_init_.py 添加代码示例

（10）添加 model。Django 提供了一个根据数据库表生成 model 的命令：

```
python manage.py inspectdb
```

使用效果如图 8-13 所示。

```
\djangoDemo\HelloWorld>python manage.py inspectdb
# You'll have to do the following manually to clean this up:
#   * Rearrange models' order
#   * Make sure each model has one field with primary_key=True
#   * Make sure each ForeignKey and OneToOneField has `on_delete` set to the desired behavior
#   * Remove `managed = False` lines if you wish to allow Django to create, modify, and delete the table
# Feel free to rename the models, but don't rename db_table values or field names.
from django.db import models

class Course(models.Model):
    course_id = models.IntegerField(primary_key=True)
    name = models.CharField(max_length=255, blank=True, null=True)
    time = models.CharField(max_length=255, blank=True, null=True)
    score = models.IntegerField(blank=True, null=True)
    place = models.CharField(max_length=255, blank=True, null=True)

    class Meta:
        managed = False
        db_table = 'course'

\djangoDemo\HelloWorld>
```

图 8-13　快捷生成 model 命令使用效果

生成后，将代码复制粘贴到 models.py 文件中即可。

（11）创建一个 Serializer 类，用于将 Course 类转化为 JSON 形式。在<app_name>中新建一个名为 Serializer.py 的文件，并加入代码（代码清单 8-12）。需要注意的是，如果要取所有字段，也可以直接使用 fields = "__all__"。

```
from rest_framework import serializers
from snippets.models import Course
class CourseSerializer(serializers.ModelSerializer):
    class Meta:
        model = Course
        fields = ('course_id', 'name', 'time', 'score', 'place')
```

代码清单 8-12　Serializer.py

（12）封装 API 视图。有两种方法可以实现，一种是使用@api_view 注解，另一种是继承自 APIView 类。它们的区别在于前者基于方法进行封装，而后者基于类进行封装。这里我们以前者为例，在 views.py 中加入如下代码：

```
@api_view([' GET' ])
def courses(request, format=None):
    if request.method == ' GET' :
        course = Course.objects.all()
        serializer = CourseSerializer(course, many=True)
        return Response(serializer.data)
    else print("Error")
```

代码清单 8-13　在 views.py 中添加代码示例

Request 是请求对象，常用属性包括 mathod（返回请求方式）、path（请求路径的字符串）以及 GET、POST、PUT 等。后者都是 QueryDict 类型对象，类似于字典，可以通过 GET 方法取出所需参数。如果包含返回的响应参数，则可将响应参数作为构造函数的参数传入 CourseSerializer，并将返回的信息加入 Response，同时记得在 urls.py 中配置如下代码：

```
urlpatterns = [
    …
    url(r' ^ $ ' , <app_name>_views.index),
    url(r' ^courses $ ' , <app_name>_views.getlist),
]
```

代码清单 8-14　urls.py 配置示例

完成上述步骤后，执行 python manage.py runserve 启动项目，并打开 127.0.0.1:8000/courses 即可查看数据库中的全部课程。courses 方法效果如图 8-14 所示，同样的方法也适用于其他 CRUD 方法。

图 8-14　courses 方法效果

8.2 RESTful API 调用

8.2.1 C++系列

在第 8.1.1 节，使用 ngrest 框架封装了一个 RESTful API，现调用该 API。

(1)在项目文件夹中打开终端，并输入 ngrest 命令，启动 ngrest 项目，如图 8-15 所示。

```
roycheng@roycheng-VirtualBox:~/helloworld$ ngrest
Building project helloworld...
build finished.

To test your services try ngrest service tester:
  http://localhost:9098/ngrest/service/HelloWorld
Cannot find inotifywait. Starting your project without file watcher support.
Please install inotify-tools package or to suppress this warning:
  DISABLE_WATCHER=1 ngrest

Starting your project in local deployment mode...
Press [Ctrl+C] to stop your project

I/16-01-2021 14:53:47.749 Server startup time: 4.892ms
I/16-01-2021 14:53:47.749 Simple ngrest server started on port 9098.
I/16-01-2021 14:53:47.749 Deployed services: http://localhost:9098/ngrest/se
es
```

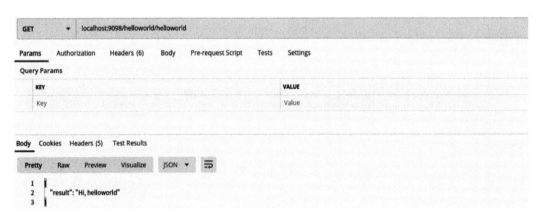

图 8-15 启动 ngrest 项目

(2)项目启动完成后，使用 Postman 进行测试和调用封装好的 API。

①测试项目中自动生成 echo API，该 API 的请求方法为 GET，接收一个 string 类型的变量。该 API 的调用结果如图 8-16 所示。

图 8-16 调用 echo API

②通过 Postman 调用 add API，该 API 的请求方式为 POST，功能为将两个数相加，因此该 API 接收两个 int 类型的数。需要注意的是，传给 API 的参数应为 JSON 格式。调用该 API 的结果如图 8-17 所示。

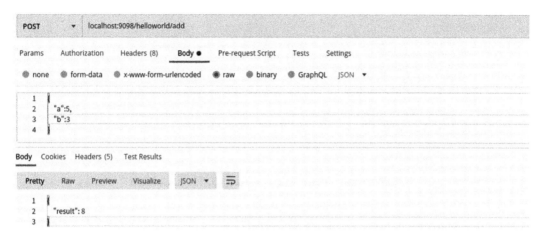

图 8-17　调用 add API

8.2.2 Java 系列

接下来，介绍如何使用 Java 代码调用已经封装好的 RESTful API。在这里，本节将讨论三种常用的 Java 调用 RESTful API 的方法：HttpURLConnection、HttpClient，以及 Spring 自带的 RestTemplate。推荐使用 Spring 自带的 RestTemplate，因为它更加方便且功能强大。

1. HttpURLConnection 调用 RESTful API

首先，在 pom.xml 中添加 httpclient 依赖（代码清单 8-15）。

```xml
<dependency>
    <groupId>org.apache.httpcomponents</groupId>
    <artifactId>httpclient</artifactId>
    <version>4.5.6</version>
</dependency>
```

代码清单 8-15　新增依赖

然后，在 SpringBoot 自带的测试文件中加入代码（代码清单 8-16）。

```java
@Test
void HttpURLConnectionTest() throws IOException {
    String url = "http://127.0.0.1:8080/courses";
    URL RestUrl = new URL(url);
    HttpURLConnection connection = (HttpURLConnection) RestUrl.openConnection();//连接到我们的 URL
    connection.setRequestMethod("GET");//使用 GET 方法
    BufferedReader inputStream = new BufferedReader(
```

```
        new InputStreamReader((connection.getInputStream())));
String output;
System.out.println("Test course by HttpURLConnection: \n");
while ((output = inputStream.readLine()) ! = null) {
    System.out.println(output + "\n");
}
connection.disconnect();
}
```

代码清单 8-16　HttpURLConnection 调用 RESTful API

HttpURLConnection 本身不需要 socket 进行连接，它是建立在底层连接上的一个请求。我们需要使用 RestUrl.openConnection() 创建 URLConnection 类型的实例，再将其转换成 HttpURLConnection 类型。

上述示例使用的是不含参数的 GET 方法，如果要加上参数，则需要使用 setDoOutput (true)设置向 httpUrlConnection 输出，默认情况下这个参数是 false。同时，使用 getOutputStream ()方法返回一个 OutputStream 对象，并向其中写入要传递的参数。

在 HttpURLConnection 相关设置结束后，需要使用 connect() 建立连接。但如果使用了 getOutputStream()或者 getInputStream()，则不需要额外使用 connect()，因为这两个方法都会隐含地调用 connect()。

封装好的 API 的测试结果如图 8-18 所示。

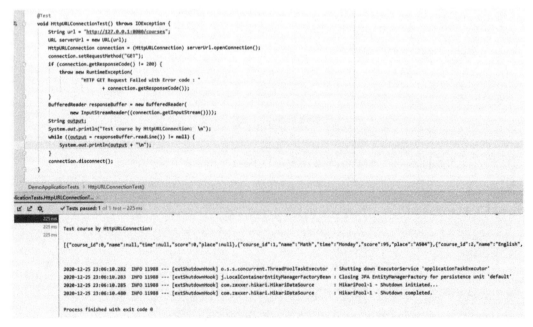

图 8-18　HttpURLConnection 调用 API

2. HttpClient 调用 RESTful API

HttpClient 调用 RESTful API 时也需要添加 httpclient 依赖。在测试文件继续加入代码（代码清单 8-17）。

```
@Test
void HttpClientTest() throws IOException {
    HttpClient httpClient = HttpClients.createDefault();
    HttpGet httpGet = new HttpGet("http://127.0.0.1:8080/courses");
    HttpResponse execute = httpClient.execute(httpGet);
    HttpEntity entity = execute.getEntity();
    System.out.println(entity);
    String result = EntityUtils.toString(entity);
    System.out.println(result);}
```

代码清单 8-17　HttpClient 调用 RESTful API

通过创建 HttpGet 并使用 httpClient 的 execute 方法发送 Get 请求。然后，使用 HttpEntity 从响应模型中接收响应的实体，最后输出实体和实体内容。

如果需要使用传递参数的 GET 或 POST 等方法，普通参数可通过在 URL 中直接加入键值对形式的参数。如果要传递实体参数，则可以将实体转换为 JSON 字符串（推荐使用阿里的 fastjson，具有良好的性能优势），再使用 setEntity 将由 JSON 字符串创建的 StringEntity 放到 httpPost 的请求体中。

测试结果如图 8-19 所示。

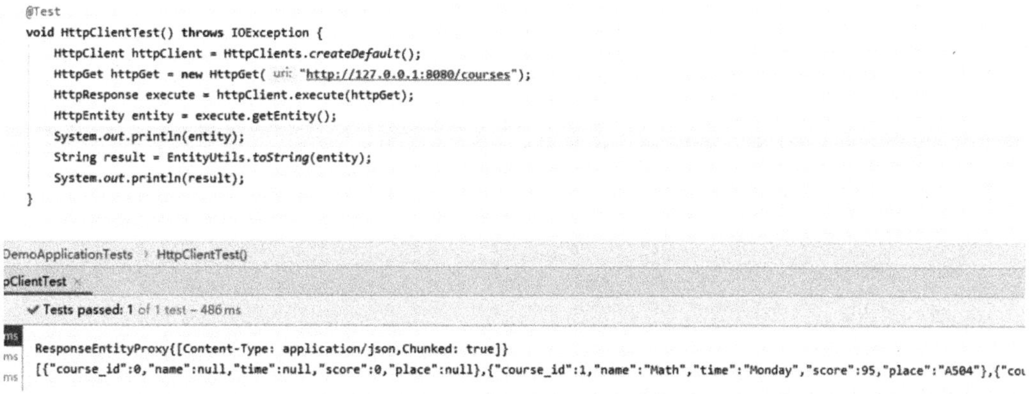

图 8-19　HttpClient 调用 API

3. RestTemplate 调用 RESTful API

相比前两种方法，RestTemplate 提供了很多便捷的访问 HTTP 服务的方法，具备高效、简洁等优势。导入 RestTemplate 依赖和 RestTemplate 调用 RESTful API 的代码分别如代码清单 8-18 和代码清单 8-19 所示。

```xml
<dependency>
    <groupId>org.springframework</groupId>
    <artifactId>spring- webmvc</artifactId>
    <version>5.1.3.RELEASE</version>
</dependency>
```

代码清单 8-17 导入 RestTemplate 依赖

```java
@Test
void RestTemplateTest() throws IOException {
    RestTemplate restTemplate = new RestTemplate();
    String url = "http://127.0.0.1:8080/courses";
    String forObject = restTemplate.getForObject(url, String.class);
    System.out.println(forObject);
}
```

代码清单 8-18 RestTemplate 调用 RESTful API

RestTemplate 的命名方法非常直白，基本上就是所使用的 HTTP 方法+For +返回内容（如果有返回内容的话）。而 HTTP 的 GET、DELETE、PUT、POST 分别对应 RestTemplate 的 getForObject/getForEntity、delete、put、postForLocation/postForObject 方法。这些方法的相关参数可以在 RestTemplate 的官方 API 中查阅，这里我们以 getForObject 为例进行说明。getForObject 方法有三个参数：URL、传递对象和返回类型。因此，如果要使用 POST 方法新建一个课程，则需要先创建一个 Course 对象，并将返回类型设置为 Object. class。具体代码如下：

```java
@Test
void RestTemplateTest() throws IOException {
    RestTemplate restTemplate = new RestTemplate();
    String url = "http://127.0.0.1:8080/course";
    Course course = new Course();
    course.setCourse_id(6);
    course.setName("Test");
    course.setPlace("TestPlace");
    course.setScore(100);
    course.setTime("Sunday~");
    System.out.println(course.toString());
    Object forObject = restTemplate.postForObject(url,course,Object.class);
    System.out.println(forObject.toString());
}
```

代码清单 8-19 RestTemplate 使用 POST 调用 RESTful API

测试效果如图 8-20 所示。

```
@Test
void RestTemplateTest() throws IOException {
    RestTemplate restTemplate = new RestTemplate();
    String url = "http://127.0.0.1:8080/course";
//      String forObject = restTemplate.getForObject(url, String.class);
    Course course = new Course();
    course.setCourse_id(6);
    course.setName("Test");
    course.setPlace("TestPlace");
    course.setScore(100);
    course.setTime("Sunday~");
    System.out.println(course.toString());
    Object forObject = restTemplate.postForObject(url,course,Object.class);
    System.out.println(forObject.toString());
}
```

DemoApplicationTests > HttpClientTest()
stTemplateTest ×
✔ Tests passed: 1 of 1 test – 505 ms

time=Monday, score=100, place=A504}, {course_id=6, name=Test, time=Sunday~, score=100, place=TestPlace}]

图 8-20　getForObject 方法测试结果

通过以上示例，可知 RestTemplate 访问 RESTful 接口非常方便快捷，这也是我们推荐使用它的原因。事实上，RestTemplate 的功能远比这些示例强大得多，我们也强烈建议读者在之后通过官方文档等资料继续了解和学习。

8.2.3　Python 系列

本节将介绍如何使用 Python 调用已经封装好的 RESTful 接口。Python 可以通过多种方式调用 RESTful API，包括 urllib2、httplib2、pycurl 以及 requests 等模块。我们最推荐的是 requests 模块，与 Java 的 RestTemplate 类似，requests 模块相比其他模块更加简洁、高效，而且易于上手。

首先，看一段示例代码：

```
import json
import requests
REQUEST_URL = "http://127.0.0.1:8080/courses"
def getCourse():
    rsp = requests.get(REQUEST_URL)
```

```
        if rsp.status_code == 200:
            rspJson = json.loads(rsp.text.encode())
            return rspJson
        else:
            return "Error"
if __name__ == "__main__":
    courses = getCourse()
    print(courses)
```

代码清单 8-20　requests 模块调用 API 示例

通过 requests.get 方法发送 GET 请求并处理返回。如果要增加参数，例如进行单个课程的查找，只需要在 GET 方法中加入键值对形式的参数，即 requests.get(REQUEST_URL, {'id' : 1})。

requests 模块对于 HTTP 的各种方法如 GET、PUT、POST 等都有与之同名的方法可供调用。除了传递普通的参数外，还可以传递 JSON 对象。同时 requests 还支持添加头信息和 cookie 信息。

下面是添加了头信息和 JSON 参数的具体代码示例：

```
import json
import requests
REQUEST_URL = "http://127.0.0.1:8080/course"
def postCount():
    data = json.dumps({'course_id' : 7, 'name' :'Painting', 'time' :'Thursday', 'score' :85, 'place' :'B202' })
    headers = {'content-type' : 'application/json' }
    rsp = requests.post(REQUEST_URL, data = data, headers = headers)
    if rsp.status_code == 200:
        rspJson = json.loads(rsp.text.encode())
        return rspJson
    else:
        return rsp.text
if __name__ == "__main__":
    count = postCount()
    print(count)
```

代码清单 8-21　requests 模块调用 API 示例（2）

代码效果如图 8-21 所示。

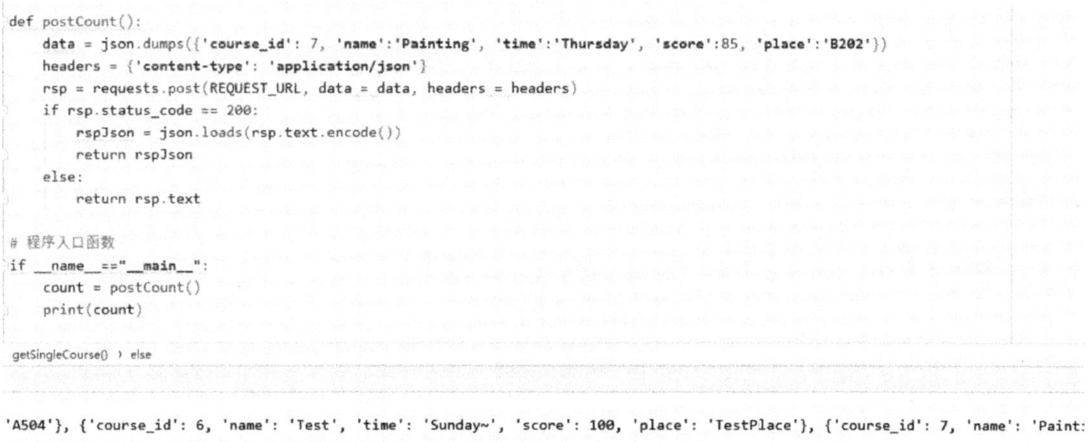

```
def postCount():
    data = json.dumps({'course_id': 7, 'name':'Painting', 'time':'Thursday', 'score':85, 'place':'B202'})
    headers = {'content-type': 'application/json'}
    rsp = requests.post(REQUEST_URL, data = data, headers = headers)
    if rsp.status_code == 200:
        rspJson = json.loads(rsp.text.encode())
        return rspJson
    else:
        return rsp.text

# 程序入口函数
if __name__=="__main__":
    count = postCount()
    print(count)
```

`'A504'}, {'course_id': 6, 'name': 'Test', 'time': 'Sunday~', 'score': 100, 'place': 'TestPlace'}, {'course_id': 7, 'name': 'Paint:`

图 8-21 加入了头信息和 JSON 参数的 post 方法

使用 requests 方法后，会返回一个 response 对象，该对象包含多个参数，例如 response.encoding 表示内容编码格式，经过该编码格式解析后的字符串即为 response.text 的内容，因为 response.text 是根据 response.encoding 解析后的字符串形式的响应体。如果编码格式错误，还可以使用 response.encoding = '…' 来进行修改。此外还有 response.url（路径）、response.status_code（响应状态码）等诸多参数。

8.3 本章小结

本章全面介绍了 RESTful API 的实现和调用方法，涵盖了多种编程语言和框架。首先，介绍了在 C++ 中使用 ngrest 框架封装 API 的方法，并利用 Postman 进行测试。接着，探讨了在 Java 中使用 SpringBoot 框架和各种注解实现 Restful API 的方式，并演示了通过 HttpURLConnection、HttpClient 和 RestTemplate 调用 RESTful API 的方法。最后，介绍了在 Python 中使用 requests 模块调用 RESTful API 的简洁方法。通过本章的学习，读者不仅可以理解 RESTful API 的基本概念和原理，还可以掌握在不同编程语言下开发和调用 RESTful API 的技能。本章内容实践性强，建议读者积极动手操作，深入学习 ngrest、SpringBoot、Django 等框架，它们的功能比本章示例所展示的更强大，因此建议读者阅读官方文档进行深入学习。

参考文献

[1] ngrest. Sign in to GitHub[EB/OL]. https://github.com/daddinuz/ngrest.
[2] SpringBoot. Spring Boot 3.2.5[EB/OL]. https://spring.io/projects/spring-boot.
[3] Django. Get started with Django[EB/OL]. https://www.djangoproject.com/.

第 9 章 服务组合实现

9.1 利用 Eclipse BPEL Designer 设计流程

9.1.1 Eclipse BPEL Designer 的下载安装

(1) 安装 BPEL 插件: 打开 Eclipse, 点击菜单栏中的 help→Install New SoftWare, 然后输入插件地址 http://download.eclipse.org/bpel/site/1.0.5, 并点击 Next, 如图 9-1 和图 9-2 所示。

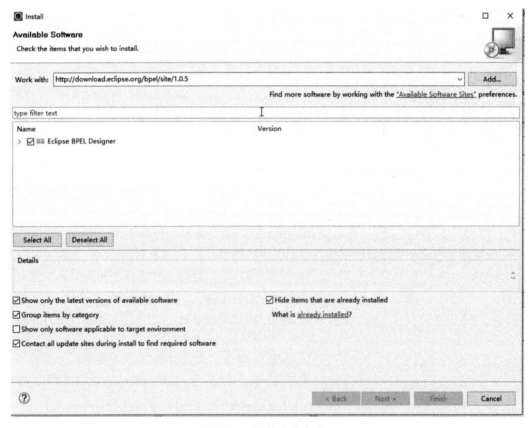

图 9-1 插件安装查找

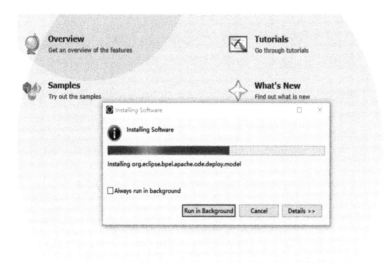

图 9-2　插件安装

（2）安装成功后，依次点击 File→New→Others，若看到有相关 BPEL 选项，则表示安装成功，如图 9-3 所示。

图 9-3　判断是否安装成功

9.1.2 利用 Eclipse BPEL Designer 设计流程

(1)新建 BPEL 项目：在 Eclipse 中创建一个新的 BPEL 项目，并为其命名，然后填写项目信息并点击 Finish，如图 9-4、图 9-5 所示。

图 9-4　新建 BPEL 项目

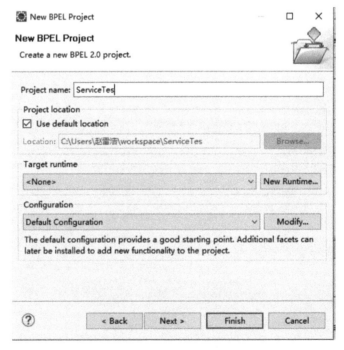

图 9-5　项目信息填写

（2）新建 WSDL 文档：以网络上一个电话号码归属地查询 Web 服务来演示如何新建一个 WSDL 文档(图 9-6)。

①输入网址 http：//ws. webxml. com. cn/WebServices/MobileCodeWS. asmx？wsdl，打开该 Web 服务的 WSDL 文档。

图 9-6　手机号码归属地查询 WSDL 文档

②在 bpelContent 目录下新建一个 WSDL 文档，如图 9-7 所示。

图 9-7　新建 WSDL 文档

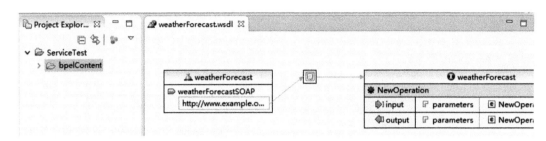

图 9-8　已建好的 WSDL 文档

③点击 source 打开 WSDL 文档的代码编辑界面,将手机号码归属地查询的文件拷贝其中。

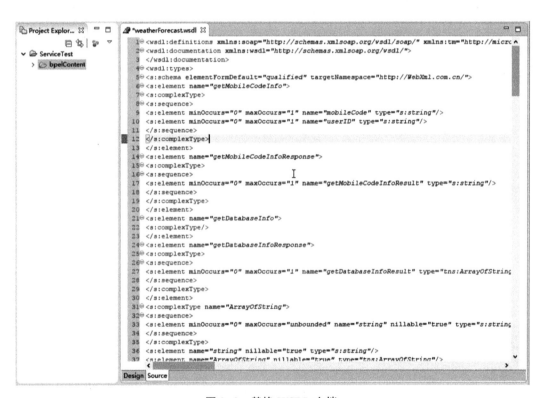

图 9-9　替换 WSDL 文档

(3)新建 BPEL Process File。

①在 BPEL 2.0 目录下新建一个 BPEL Process File(图 9-10),其中 Template 选择 Synchronous BPEL Process。

②新建一个伙伴链接(图 9-11),然后点击 Browse 进行相关配置。

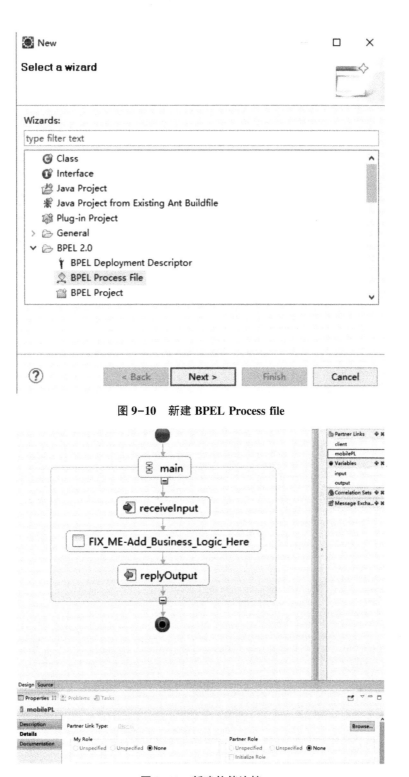

图 9-10　新建 BPEL Process file

图 9-11　新建伙伴连接

③在伙伴链接中添加前面建立的 WSDL 文档，点击 add WSDL（图 9-12），选择 MobileCodeWSSoap（图 9-13）。

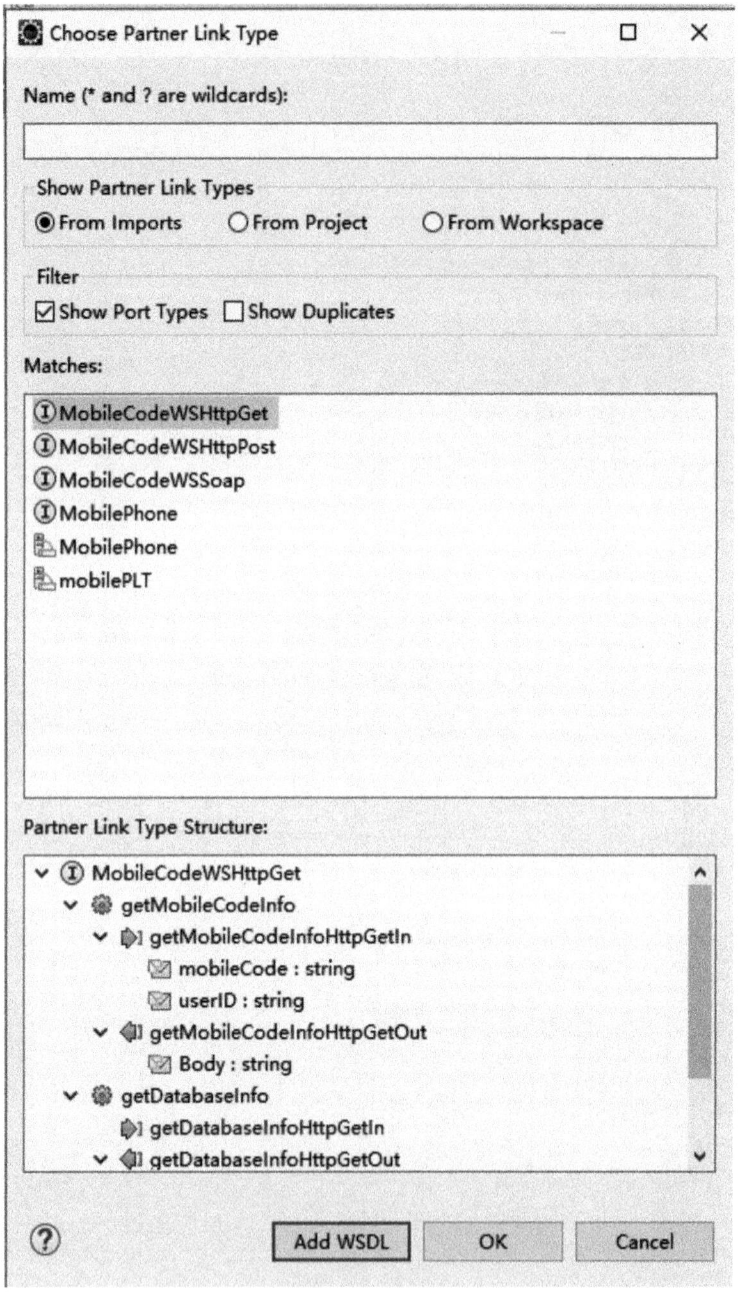

图 9-12　在伙伴链接中添加 WSDL 文档

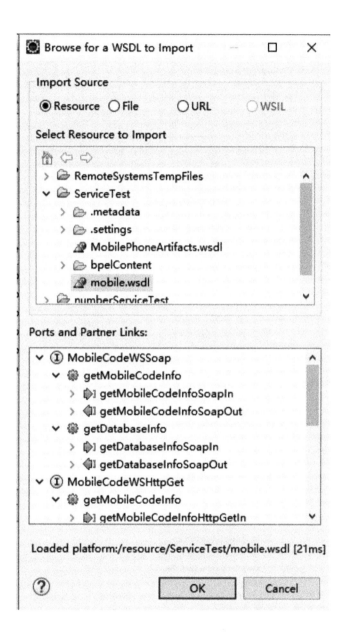

图 9-13　添加 MobileCodeWSSoap

④输入 Partner Link Type Name 为 mobilePLT(图 9-14),点击 Next 输入角色名称 mobileRole 并选择 MobileCodeWSSoap,点击 Finish(图 9-15)。

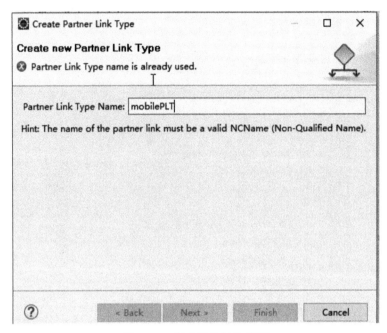

图 9-14　新建伙伴链接类型

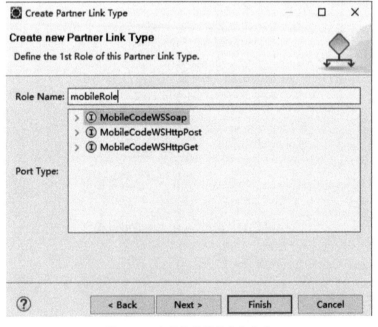

图 9-15　完善伙伴链接角色名称

⑤配置完伙伴链接后，在下面的角色选择中选择之前配置的角色，如图 9-16 所示。

图 9-16　选择创建的伙伴角色名称

⑥在右侧 Variables 处创建 input 和 output 两个变量，并添加对应的 Message，如图 9-17 和图 9-18 所示。其中需要注意的是 Request 对应的为 SoapIn，Response 对应的为 SoapOut。

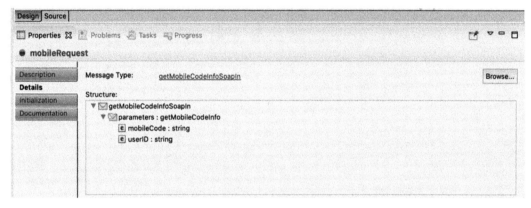

图 9-17　创建 input 变量并添加 message

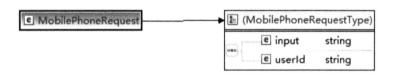

图 9-18　创建 output 变量并添加 message

⑦在 mobileCodeArtifacts.wsdl 中添加变量，添加后如图 9-19 所示。

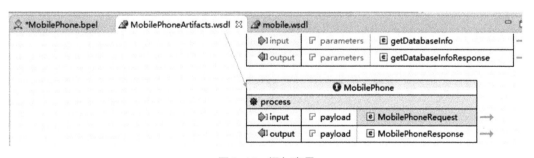

图 9-19　添加变量

⑧添加一个包含两个赋值和一个调用的流程文件。配置每个赋值和调用的关系如下：将 input 的值传递给 mobileRequest，调用 mobile 函数，然后将 mobileResponse 的值传递给 output，如图 9-20 和图 9-21 所示。

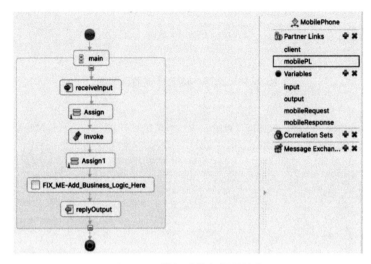

图 9-20　增加赋值与调用流程

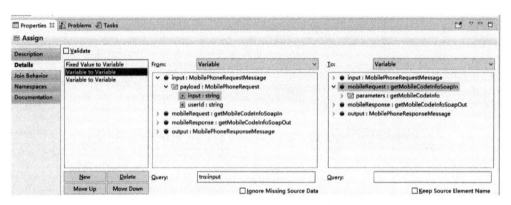

图 9-21　调用 mobile 函数传值

⑨新建一个 BPEL 的描述文件，如图 9-22 所示。

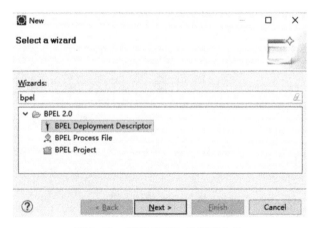

图 9-22　新建 BPEL 的描述文件

⑩在 deploy.xml 中设置配置文件 associated port(图 9-23)，即完成流程的设计。

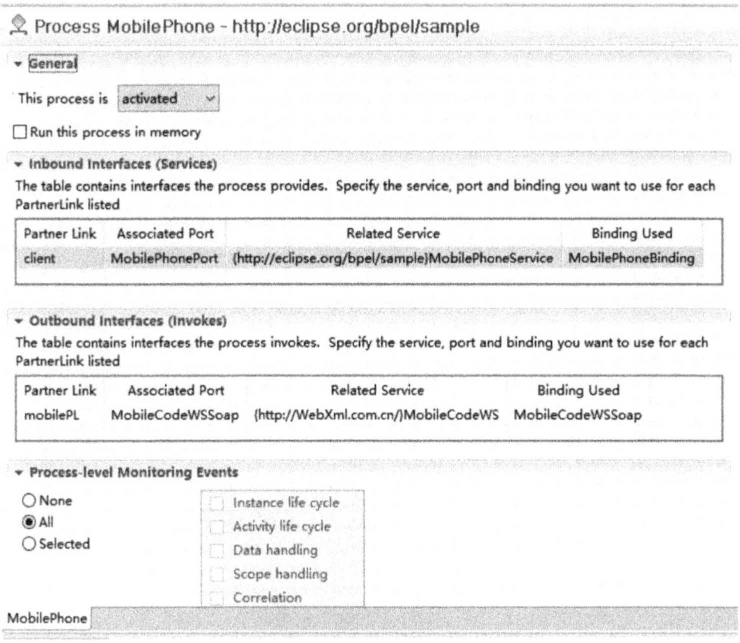

图 9-23 设置配置文件

9.2 利用 Apache ODE 解析 BPEL 流程

9.2.1 下载安装 ODE

(1)在 Apache ODE 官网下载 ODE 的 war 包，如图 9-24 所示。

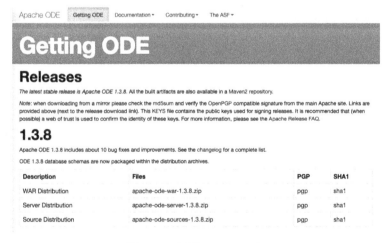

图 9-24 下载 ODE war 包

(2）将 war 包下载后放到 tomcat 的 webapp 目录下，打开浏览器输入 http://localhost:8080/ode/，若出现如图 9-25 所示画面，则 ODE 部署成功。

图 9-25　部署至 tomcat 中验证服务

9.2.2　ODE 解析 BPEL 流程

1. 服务配置至 ODE

（1）将 9.1 节实验中 ServiceTest 的项目复制到 Tomcat/webapp/ode/WEB-INF/progresses 的目录下，如图 9-26 所示。

图 9-26　将项目配置至 ode 下

（2）开启 tomcat 后，将 Tomcat/webapp/ode/WEB-INF/progresses 目录下 bpelContent 的全部内容拷到上一级目录，该目录会自动生成 cbp 文件，如图 9-27 所示。

图 9-27　将 bepl 相关文件拷贝至上级菜单

(3) 同时 tomcat/webapps/ode/WEB-INF/processes 文件夹下面会自动生成 DEPLOYED 文件，说明已经配置成功，如图 9-28 所示。

图 9-28　配置成功生成 DEPLOYED 文件

2. 在 Eclipse 调用服务

（1）右键点击 MobilePhoneArtifacts.wsdl，再依次点击 Web Service→Test with WebServices Explorer，测试编写的服务，如图 9-29 所示。

图 9-29　测试编写的程序

（2）点击 process，在 input 中输入需要查询归属地的手机号码，如图 9-30 所示。

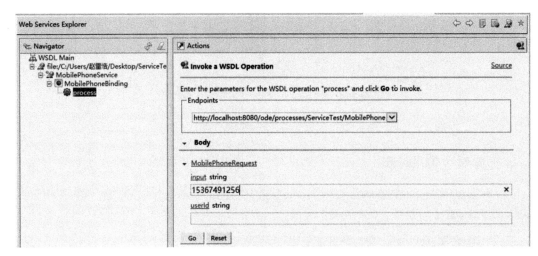

图 9-30　输入手机号码

（3）输入号码后，点击 Go，调用服务出现结果，如图 9-31 所示。

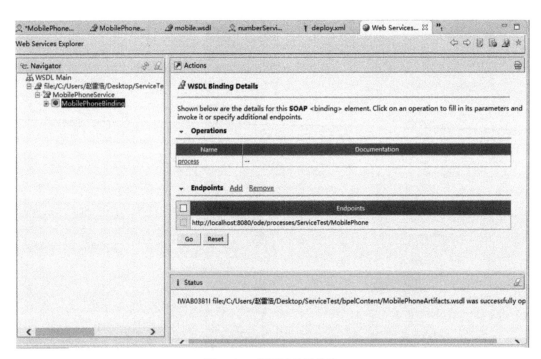

图 9-31　归属地结果输出

9.3 利用 WSO2 Business Process Server 管理流程执行

9.3.1 设置并启动 BPS

启动 BPS 服务，如图 9-32 所示。

```
G:\SOA\wso2\bin>wso2server.bat
JAVA_HOME environment variable is set to G:\tools\jdk1.8.0_131
CARBON_HOME environment variable is set to G:\SOA\wso2\bin\..
```

图 9-32 启动 BPS 服务

9.3.2 BPEL 流程建模

（1）新建 Composite Application Project。为项目提供合适的名称，就本示例而言，将其命名为"WS_NumberAdderCarbon"，并单击 Finish，如图 9-33 所示。复合应用程序项目创建后，可以在 Developer Studio 屏幕左侧的 Project Explorer 窗格中查看项目 maven 信息，如图 9-34 所示。

图 9-33 新建 Composite Application 项目

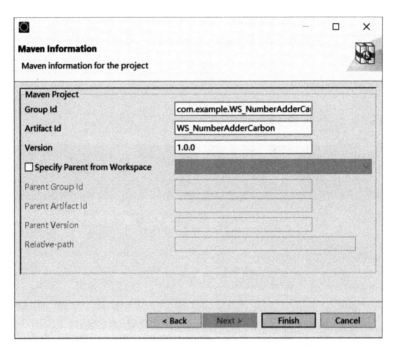

图 9-34　项目 maven 信息

(2) 新建 BPEL 工作流。

① 创建 BPEL 工程，如图 9-35 所示。

图 9-35　创建 BPEL 工程

②创建 BPEL 工作流。

在"New BPEL Process"上,选择"Creat a BPEL Process File",然后单击"Next",如图 9-36 所示。其中进程名称为 AdderProcess,命名空间为 http://NumberAdder.com,项目名称为 BPELNumbeAdder,模板为同步 BPEL 流程,如图 9-37 所示。

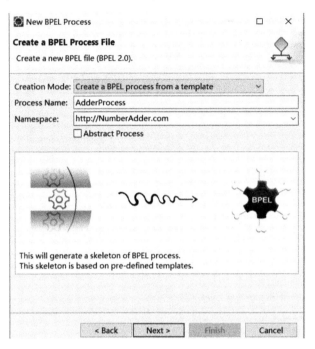

图 9-36 创建 BPEL 工作流

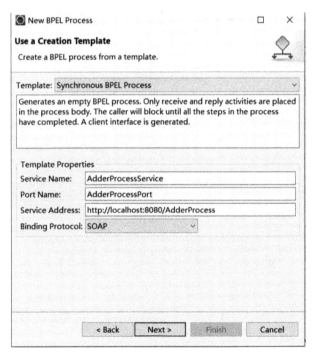

图 9-37 同步模板信息

③单击"完成"以关闭向导。"项目资源管理器"窗口和 AdderProcess.bpel 文件如图 9-38 所示。

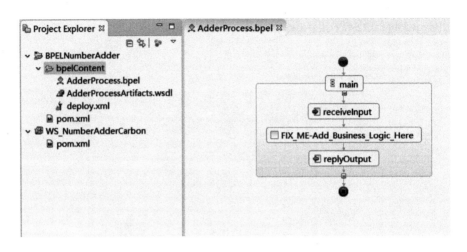

图 9-38　已创建 BPEL 工作流

(3) 在 BPEL 流程中添加业务逻辑——两数相加。

①单击 AdderProcessRequest 旁边的黑色箭头，它将打开另一个名为 Inline Schema of Adder Process Artifacts.wsdl 的文件，如图 9-39 所示。

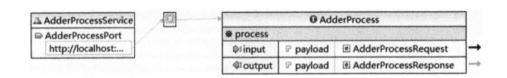

图 9-39　AdderProcessRequest 中元素

②将 input 的默认变量重命名为 x，并将其类型设置为 int。右键单击 AdderProcessRequest Type 来添加另一个元素，将其命名为 y，并将其类型设置为 int。完成后如图 9-40 所示。

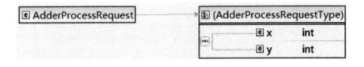

图 9-40　在 AdderProcessRequest 中新增元素

③设计简单的业务逻辑。打开文件，在 FIX_ME-Add_Business_Logic_Here 活动所在的位置添加业务逻辑。删除 FIX_ME-Add_Business_Logic_Here 元素（图 9-41）。

④添加"分配活动"，将其从"动作面板"的"动作"部分拖动（图 9-42）。

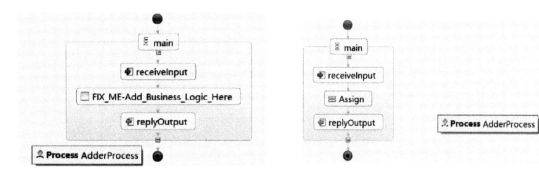

图 9-41 删除 FIX_ME-Add_Business_Logic_Here 元素   图 9-42 添加 Assign 活动

⑤单击 Assign 元素，在 Source 窗口单击 Details 选项卡。单击 New，进入 Details 窗口中的视图，如图 9-43 所示。使用 Xpath 表达式来计算两个变量之和并将结果分配给输出变量。

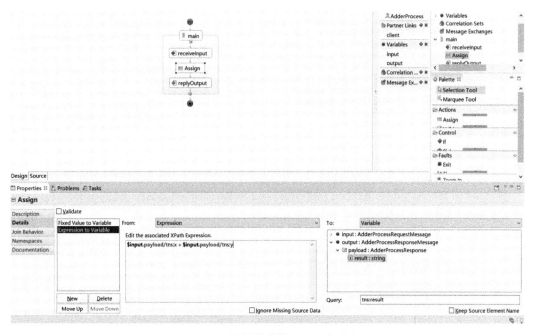

图 9-43 编辑关联的 Xpath 表达式

⑥在"编辑关联的 Xpath 表达式"下面的框中包括以下表达式：＄input.payload/tns：x + ＄input.payload/tns：y。

⑦定义入站和出站接口。打开 deploy.xml BPEL 项目中的文件，从给定列表中选择 AdderProcessPort 作为入站地址端口，其余参数将自动填写，如图 9-44 所示。

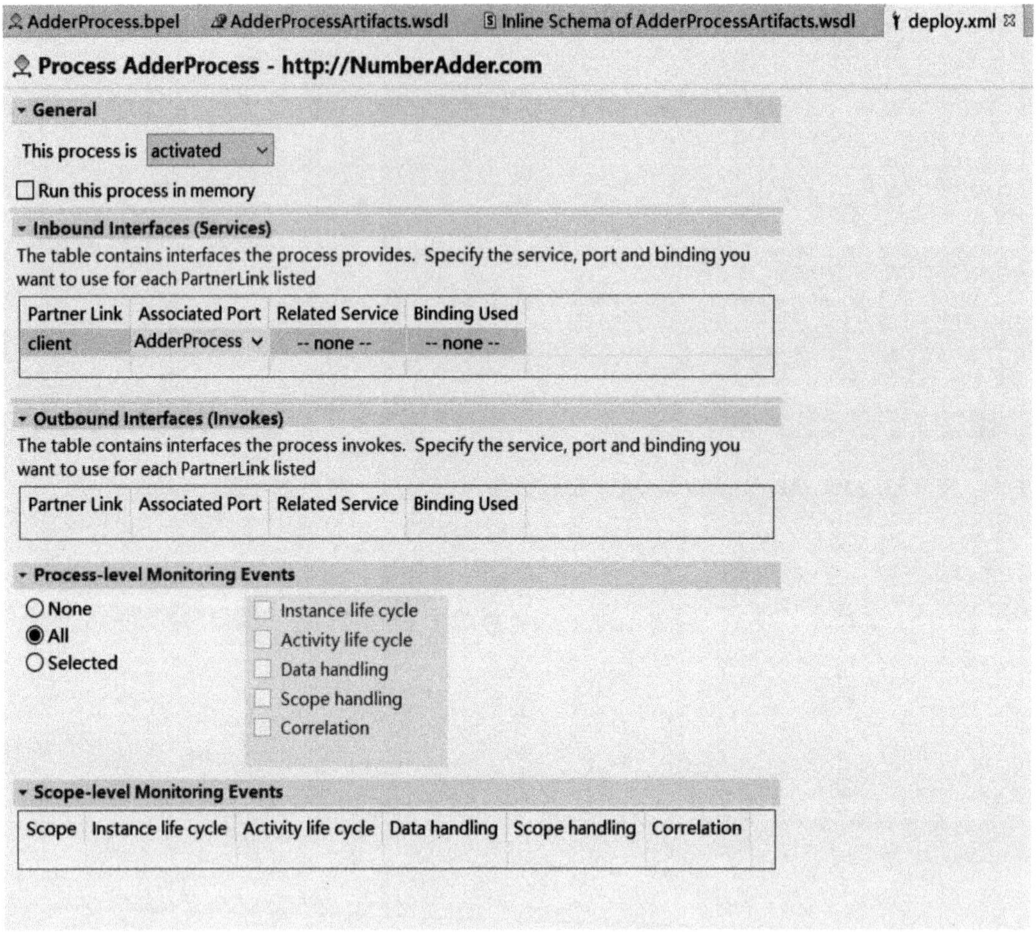

图 9-44 定义入站与出站接口

⑧将 BPEL 流程添加为组合应用程序（WS_NumberAdderCarbon）的依赖项。打开 pom.xmlComposite 应用程序项目，选择 BPELNumberAdder 复选框作为依赖项，如图 9-45 所示。

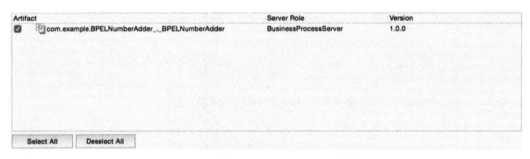

图 9-45 添加 BPELNumberAdder 依赖项

9.3.3 部署和测试 BPEL 流程

1. 新建服务器

(1) 在 Developer Studio 中,右键单击 Servers,然后选择 New→Server,如图 9-46 所示。

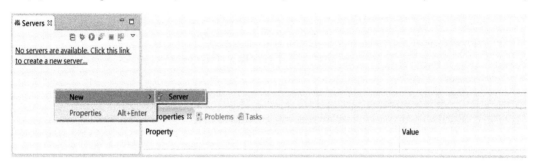

图 9-46 新建服务器

(2) 出现 New Server 窗口后,从列表中展开 WSO2 文件夹,选择基于 WSO2 Remote Server 的服务器。如果需要,请在此处指定服务器名称及其路径与账号,如图 9-47、图 9-48 所示。

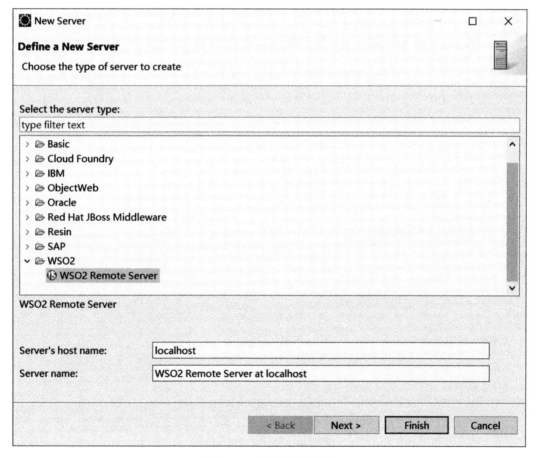

图 9-47 指定服务器名称

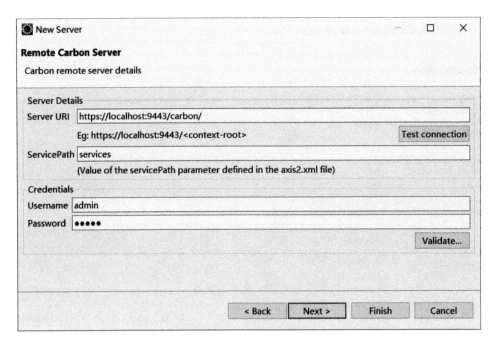

图 9-48　指定路径与账号

2. 在 WSO2 BPS 中部署复合应用程序

（1）在 WSO2 BPS 中部署复合应用程序。转到 WSO2 BPS 服务器→添加 WS_NumberAdderCarbon 项目，服务器将自动启动，如图 9-49 所示。

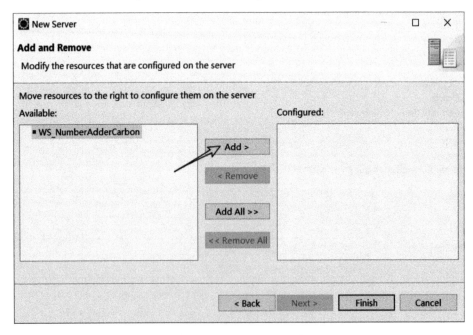

图 9-49　添加可用服务器

(2)服务器启动,如图 9-50 所示。

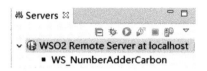

图 9-50　已启动的服务器状态

3. 测试阶段

(1)WSO2 BPS 登录页面将在默认的 Web 浏览器中自动打开,使用 admin 作为用户名和密码登录。从主菜单中选择 Processes→ BPEL→List,将打开 Deployed Processes 窗口,在现实的 Package 列表中可见已部署的过程,图 9-51 所示为已部署的 BPELNumberAdderProcess-1.0.0-2。

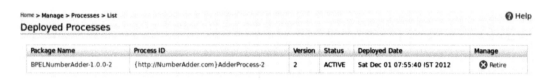

图 9-51　查看已部署的进程

(2)点击 Package ID,将显示 Processes Information 窗口,其中包含该过程的详细信息,如图 9-52 所示。

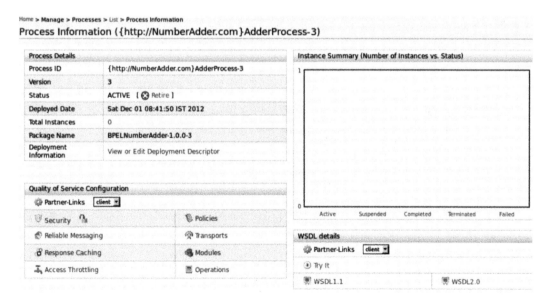

图 9-52　查看进程详细信息

(3)单击试用链接,打开一个浏览器窗口,输入所需的参数,点击 Send,计算相应的结果,如图 9-53 所示。

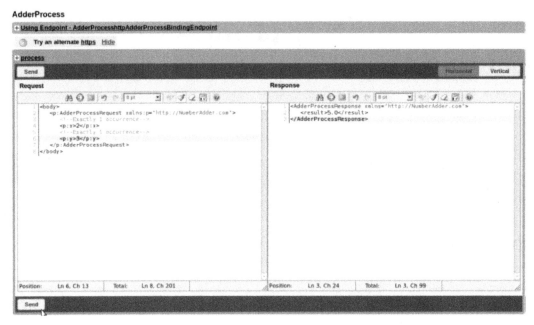

图 9-53 计算结果展示

9.4 本章小结

本章介绍了服务组合实现的相关内容,主要围绕使用 Eclipse BPEL Designer 设计流程展开。首先,介绍了如何安装 BPEL 插件,并在 Eclipse 中创建 BPEL 项目。随后,通过演示创建 WSDL 文档和 BPEL Process 文件的过程,了解了如何使用 BPEL Designer 设计流程。在设计流程中,创建了伙伴链接、配置角色选择和创建变量等操作,并对赋值和调用进行配置。最后,补充了关于 ODE 在 Tomcat 中部署、BPEL 流程的编译、部署和监控,以及 BPS 流程建模与部署测试的内容。通过本章的学习,读者可以掌握服务组合实现的基本概念和方法,并具备使用 BPEL 技术进行流程设计和管理的能力。

参考文献

[1] Apache ODE. The Orchestration Director Engine executes business processes written following the WS-BPEL standard[EB/OL]. https://ode.apache.org/.

第 10 章 服务质量预测

10.1 服务质量预测概述

10.1.1 相关定义

随着互联网技术的发展，Web 服务呈现出指数级增长，并广泛应用于社交媒体、电子商务、搜索引擎等各个领域。在网络中，存在着大量功能类似但非功能属性不同的服务。这些服务的质量参差不齐，用户往往无法仅通过功能选择出符合要求的服务。因此，对服务质量（Quality of senice，QoS）进行预测，以推荐优质服务给用户，是面向服务架构的一个重要过程。

服务质量预测是面向服务架构的一个重要组成部分，它主要关注服务的功能属性和非功能属性，旨在为用户提供高效可靠的服务。功能属性指的是服务本身的固有属性，如输入、输出、先决条件、效果等。而非功能属性更注重服务的外部属性，如成本、故障率、可用性、吞吐量等。服务的非功能属性能够较好地区分具有相同或相似功能服务的性能。

然而，目前服务质量预测研究面临着一些挑战，其中包括：

(1) 数据稀疏性问题：实际服务调用过程中，用户不会在所有时刻同时访问一个服务，且一些新服务没有调用记录，导致数据源头的数据稀疏，给预测和评估带来困难。

(2) 数据波动性问题：由于服务调用是一个随时间动态变化的过程，QoS 数据也随时间波动，这种动态变化给服务质量预测的精准度带来了不确定性。

(3) 用户和数据不可信问题：一些不可靠的用户和服务提供商可能会提交不真实的 QoS 值，而用户之间的相互关联也会影响服务的 QoS 值，这增加了预测的难度。

(4) 上下文因素的问题：为了准确推荐满足用户需求的个性化服务，需要考虑到服务被调用时的环境特征，如时间、地点、网络状态，以及用户特征如历史调用偏好和位置等因素。

因此，服务质量预测是一个复杂而关键的问题，需要综合考虑多种因素来提高预测的准确性和可靠性。

10.1.2 相关工作

在解决服务质量预测问题的过程中，研究者们开展了大量工作，涉及多种方法和技术。本节将概述几种主要的 QoS 预测方法，包括基于协同过滤、基于位置感知和基于深度学习的 QoS 预测方法。

1. 基于协同过滤的 QoS 预测方法

基于协同过滤的 QoS 预测方法分为基于邻域的方法和基于模型的方法。基于邻域的方法主要依赖于用户或服务之间的相似性计算，然后利用这些相似度来预测目标用户对服务的 QoS 值。基于用户邻域和基于服务邻域的协同过滤是两种常见的实现方式。以基于用户邻域的协同过滤为例，如图 10-1 所示，其基本原理是首先根据用户对服务的调用记录构建 QoS 矩阵，然后计算用户之间的相似度，最后利用 k 近邻算法选择与目标用户最相似的 k 个邻居，根据这些邻居的历史调用记录的 QoS 值来预测目标用户对服务调用的 QoS 值。基于服务的协同过滤算法与基于用户邻域的协同过滤算法类似，但是前者计算的是服务之间的相似度，并选择最近的 k 个邻居，最后预测目标服务的 QoS 值。

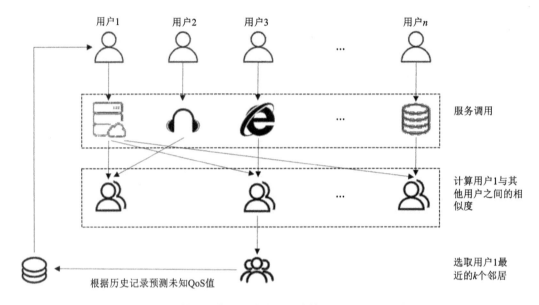

图 10-1　基于用户邻域的协同过滤算法的 QoS 预测过程

基于模型的协同过滤算法主要采用矩阵分解（matrix factorization）方法（图 10-2）。该方法通过分解 QoS 矩阵来挖掘用户与服务之间的关键信息，以预测 QoS 值。其核心思想是将 QoS 矩阵分解成用户特征矩阵和服务特征矩阵，然后通过构建两个特征矩阵内积与 QoS 调用记录的损失函数来训练这两个特征矩阵。最后，利用这些特征矩阵对缺失的 QoS 值进行预测。矩阵分解方法比基于邻域的方法更有效，因为它可以更好地挖掘用户和服务之间的潜在关系。然而，在 QoS 矩阵稀疏的情况下，预测效果可能不够准确。因为缺乏足够的数据进行训练。因此，需要对矩阵分解方法进一步优化以提高其在稀疏数据情况下的性能。

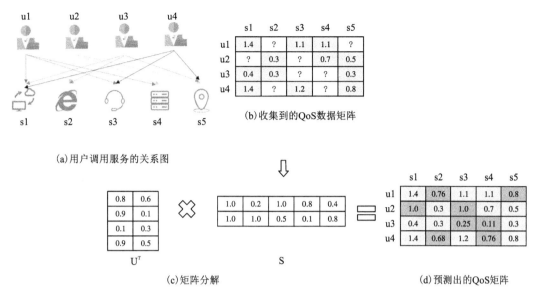

图 10-2 基于矩阵分解模型的协同过滤算法的 QoS 预测过程

2. 基于位置感知的 QoS 预测方法

基于位置感知的 QoS 预测方法利用用户和服务的地理位置信息，以及调用时间等信息来提高 QoS 值的预测精度。这种方法主要关注如何挖掘用户和服务的空间位置信息，从而识别相似用户或服务的位置近邻信息。

尽管基于位置感知的方法可以解决用户服务物理位置不同对 QoS 值预测的影响问题，但在实际情况下，影响用户调用服务的 QoS 值的因素有很多，包括时间、空间、带宽、DNS 延迟、客户端负载等。因此，研究者们对上下文因素进行了大量研究，并提出了基于多维上下文情境感知的 QoS 预测方法。举例来说，Wang 等人提出了一种集成多维时空的 QoS 预测方法，该方法将基于张量的多线性代数概念与多维 QoS 数据建模相结合，通过张量分解和重构优化算法对预测用户的 QoS 值。而 Wu 等人提出了一种通用的上下文敏感矩阵分解方法，以进行协同 QoS 预测。该方法充分考虑了服务调用的复杂性，并利用 QoS 数据中的隐式和显式上下文因素来预测 QoS 值。另外，Xu 等人使用地理位置信息作为用户端上下文信息，使用关联信息作为服务端上下文信息，并根据上下文相似性来标识相似近邻，从而预测未知 QoS 值。这些方法的提出丰富了 QoS 预测的研究成果，并在提高 QoS 预测精度和准确性方面取得了显著的进展。

3. 基于深度学习的 QoS 预测方法

基于深度学习的 QoS 预测方法利用了深度学习模型在特征提取方面的强大能力，通过挖掘包含时间信息的用户-服务历史数据，将时间、位置等因素融合到 QoS 预测中。Xiong 等人提出了一种基于长短期记忆网络（LSTM）和基于矩阵分解的个性化的在线 QoS 预测方法。该方法可以捕获多个用户和服务的动态潜在表示，同时能够及时更新预测模型以处理新数据。

通过 LSTM 网络结构，模型能够有效学习到时间序列数据中的长期依赖关系，从而提高了 QoS 预测的准确性和时效性。针对用户特征的多样性和服务质量（QoS）的不确定性，Ma 等人提出了一种多值协同方法，通过使用云模型理论对多值 QoS 评估的时间序列特征进行建模，并利用模糊层次分析法客观地确定每个时间段的权重，从而为可能的用户预测云服务的 QoS 值。

综上所述，基于深度学习的 QoS 预测方法能够有效处理多种因素，并且在考虑用户和服务的动态特性方面具有优势。相比之下，基于协同过滤的方法受到数据稀疏性的影响，基于位置感知的方法则受到环境上下文的影响，而基于深度学习的 QoS 预测方法能够同时考虑多种因素，从而提高了 QoS 预测的准确性和鲁棒性。

10.2 交通流服务预测

10.2.1 单步预测

交通量时空序列的单步预测是一种重要的技术，它可以为城市交通管理和规划提供关键的信息和支持。这种预测方法需要根据历史的时空数据来预测下一时刻的交通量情况。以下是关于单步预测的一些重要内容：

（1）预测目标：单步预测的主要目标是预测城市交通量的变化情况，以便为出租车的调度、路径规划和出行计划提供支持和建议。通过准确预测交通量，可以优化城市交通系统的运行效率，提高出行的便利性和舒适性。

（2）数据要求：单步预测模型需要接收历史最新的一段时间序列作为输入，如图 10-3(a)所示。因此，对数据的收集、处理与存储都有较高的要求。这些数据包括城市各个区域的交通量情况以及相应的时空信息。为了确保预测的时效性，需要及时获取最新的交通数据。

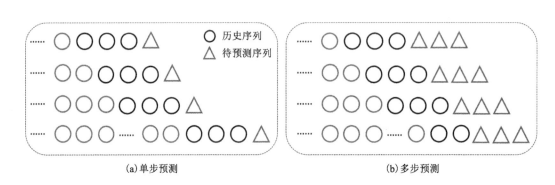

图 10-3　单步预测与多步预测

（3）适用场景：单步预测模型适用于预测时间间隔较大、预测时效性较强的场景。例如，在城市范围预测出租车的需求量，可以统计过去一段时间内每个区域的出租车需求量，并预测未来一个小时内城市各个区域的出租车需求量。由于出租车的行驶过程需要一定的时间，因此及时获取最新的数据对于预测的准确性至关重要。

(4) 模型结构：单步预测模型通常采用结合了卷积神经网络（CNN）和循环神经网络（RNN）的结构。CNN 用于捕获时空数据中的空间相关性，而 RNN 则用于捕获时间相关性。这样的模型可以有效处理时空序列数据，并准确预测下一时刻的交通量情况。

交通时空序列的预测需要考虑时间因素和空间因素的综合影响，因为人们的交通出行具有一定的规律性，交通时空序列在时间上表现出趋势性、周期性和临近性。同时，城市中一个区域的交通流量会受到其他区域的影响，存在一定的空间关联。因此，为了准确预测城市范围的交通流量，需要同时对时间和空间这两个因素进行建模。

目前交通时空序列单步预测常用的方法主要结合了 CNN 和 RNN 以及它们的变体。整个预测过程可以分为数据预处理、模型训练和预测三个步骤。在数据预处理阶段，以出租车为例，模型首先将时空数据处理成规则的网格形状，其中每个网格代表城市的一个区域，网格内的数值表示该区域内的出租车需求量，而每一帧图像数据代表整个城市的出租车需求；然后，将按照时间顺序排列的网格数据输入到 CNN 模型中进行下采样，以捕获空间关联；最后，将编码的空间向量输入 RNN 中，用于捕获时间相关性。这类模型的不足之处在于，它们先捕获空间相关性，然后捕获时间相关性，这可能导致时空关联被割裂，从而降低了预测精度。为了解决这个问题，一些研究者提出了更具综合性的方法。Kuang 等人提出了一种基于 3D 卷积神经网络和多任务学习模型的城市交通流量单步预测模型（如图 10-4 所示）。该模型首先将城市出租车需求数据划分成网格状的图片，并将历史多个时刻划分成趋势、周期、临近三部分数据作为输入，通过多任务学习，将多模态时空数据各个模态视为相关任务，然后利用三个 3D 卷积神经网络提取时空特征。接下来，将提取的时空特征向量输入到长短期记忆网络中，以捕获数据的时间关联。再进一步，利用注意力机制为历史多个时刻的数据赋

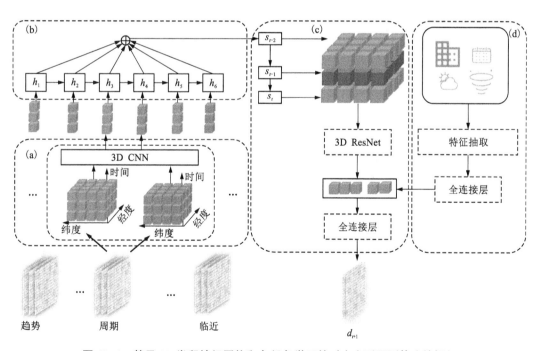

图 10-4　基于 3D 卷积神经网络和多任务学习的时空序列预测算法的框架

予不同的权重,得到上下文向量。在解码器阶段,使用 3D ResNet 捕获多模态之间的相互影响,得到时空信息特征向量。最后融合日期、时间点和节假日等外部特征,对下一时刻的城市交通量进行了预测。这种基于 3D 卷积神经网络和多任务学习模型的方法可以同时捕获时空相关性,避免了传统方法中时空关联被割裂的问题,从而提高了预测精度。

10.2.2 多步预测

多步预测方法旨在解决单步预测方法的局限性,能够预测未来多个时刻的交通时空序列,更适用于长期的交通流量预测,并对数据的实时性要求相对较低。在多步预测模型中,根据输出过程的不同,可以将其分为两类:

(1)迭代式多步预测模型(IMS):该模型将上一时刻的预测输出直接作为下一时刻的输入。具体而言,在每个时间步,模型首先使用历史数据进行预测,然后将预测结果作为下一个时间步的输入,如图 10-5(a)所示。

(2)同时预测多步输出的模型(DMS):与 IMS 不同,DMS 能够一次性预测多个未来时间戳的数据。它在预测过程中考虑了多个时间步的数据,因此能够提供更全面的未来时空序列预测,如图 10-5(b)所示。

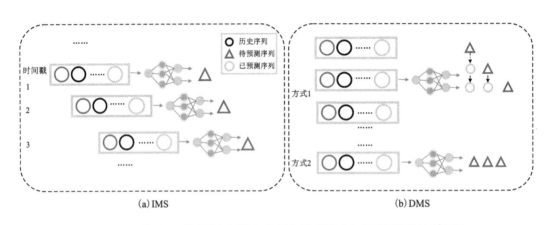

图 10-5 基于 3D 卷积神经网络和多任务学习的时空序列预测算法的框架

这两种多步预测模型各有优缺点,选择适合具体需求的模型取决于应用场景、数据特点以及预测精度要求。IMS 模型在计算上较为简单,但可能会积累误差,特别是在长期预测时;而 DMS 模型能够一次性考虑多个时间步的信息,提供更全面的预测,但也更加复杂,需要更多的计算资源和数据支持。为了改进多步预测的准确性,BAI 等提出了一种融合序列到序列模型和改进历史均值的多步预测方法。该方法在序列到序列模型的基础上引进了改进的历史均值作为多步预测的基础,以减轻上一时间步预测误差带来的影响。然后,通过模型融合的方法对改进历史均值进行重复利用,最终得到更准确的预测结果。该方法在公开的纽约自行车数据集上取得了良好的预测效果,表明其在处理多步预测问题上具有潜在的优势。

10.3 本章小结

本章重点探讨了面向服务架构中的 QoS 预测问题,强调了准确预测服务的 QoS 值对于选择合适服务的重要性。同时介绍了主要的 QoS 预测方法,包括基于统计模型、机器学习和深度学习的方法。此外,还详细介绍了交通量预测中的单步预测和多步预测方法,并提供了相关案例进行参考。本章为读者提供了深入了解 QoS 预测领域的基础知识,同时指引读者进一步阅读相关文献,以深化读者对该领域的理解和应用。

参考文献

[1] 余龙. 基于用户声誉及空间位置感知的混合协同过滤服务 QoS 预测方法研究[D]. 长沙:中南大学, 2019.

[2] 刘泽远. 基于时间序列分析的 Web 服务 QoS 预测方法研究[D]. 哈尔滨:哈尔滨工业大学, 2018.

[3] 胡月. 基于上下文感知的 QoS 预测的个性化服务推荐研究[D]. 北京:北京邮电大学, 2017.

[4] TANG M, JIANG Y, LIU J, et al. Location-aware collaborative filtering for QoS-based service recommendation [C]//Proceedings of the 2012 IEEE 19th International Conference on Web Services. ACM, 2012:202-209.

[5] WU J, CHEN L, FENG Y, et al. Predicting quality of service for selection by neighborhood-based collaborative filtering[J]. IEEE Transactions on Systems, Man, and Cybernetics:Systems, 2013, 43(2):428-439.

[6] SHAO L, ZHANG J, WEI Y, et al. Personalized QoS prediction for Web services via collaborative filtering [C]//IEEE International Conference on Web Services (ICWS 2007). July 9-13, 2007. Salt Lake City, UT, USA. IEEE, 2007:439-446.

[7] LUO X, ZHOU M C, XIA Y N, et al. Predicting web service QoS via matrix-factorization-based collaborative filtering under non-negativity constraint[C]//2014 23rd Wireless and Optical Communication Conference (WOCC). May 9-10, 2014. Newark, NJ. IEEE, 2014:1-6.

[8] WANG S G, MA Y, CHENG B, et al. Multi-dimensional QoS prediction for service recommendations [J]. IEEE Transactions on Services Computing, 2019, 12(1):47-57.

[9] WU H, YUE K, LI B, et al. Collaborative QoS prediction with context-sensitive matrix factorization[J]. Future Generation Computer Systems, 2018, 82:669-678.

[10] XU Y S, YIN J W, DENG S G, et al. Context-aware QoS prediction for web service recommendation and selection[J]. Expert Systems with Applications, 2016, 53:75-86.

[11] XIONG R B, WANG J, LI Z, et al. Personalized LSTM based matrix factorization for online QoS prediction [C]//2018 IEEE International Conference on Web Services (ICWS). July 2-7, 2018. San Francisco, CA, USA. IEEE, 2018:34-41.

[12] MA H, ZHU H B, HU Z G, et al. Multi-valued collaborative QoS prediction for cloud service via time series analysis[J]. Future Generation Computer Systems, 2017, 68:275-288.

[13] ZHANG J B, ZHENG Y, QI D K. Deep spatio-temporal residual networks for citywide crowd flows prediction [C]//Proceedings of the Thirty-first AAAI Conference on Artificial Intelligence. February 4-9, 2017, San Francisco, California, USA. ACM, 2017:1655-1661.

[14] KUANG L, YAN X J, TAN X H, et al. Predicting taxi demand based on 3D convolutional neural network and multi-tasklearning[J]. Remote Sensing, 2019, 11(11):1265.

[15] BAI L, YAO L N, KANHERE S S, et al. STG2Seq: Spatial-temporal graph to sequence model for multi-step passenger demandforecasting[C]//Proceedings of Twenty-Eighth International Joint Conference on Artificial Intelligence, Macao, China, Morgan Kanfman, 2019: 1981-1987.

[16] SHI X J, YEUNG D Y. Machine learning for spatiotemporal sequence forecasting: Asurvey[EB/OL]. 2018: 1808.06865. http://arxiv.org/abs/1808.06865vl.

[17] 颜学谨. 基于深度学习的交通时空序列预测算法研究[D]. 长沙: 中南大学, 2019.

第 11 章 跨领域服务智能监管

11.1 服务监管语言概述

11.1.1 数字服务监管背景

随着数字经济和智能产业的蓬勃发展,数字技术深刻影响着传统产业的转型升级,催生了众多新产业、新业态和新模式,极大改变了人们的生活方式。数字服务通过互联网平台降低了服务交易的成本,拓宽了服务渠道,通过人工智能技术提升服务的智能化水平,满足了客户个性化需求。

数字服务给人们的生活带来了便利,技术发展非常迅速。但是数字服务及各类平台的自由生长因为监管缺失出现了一系列问题。如在互联网医疗领域,存在医务人员资质不合规、诊断过程敷衍了事、诊断结果没有专业意见的乱象。因此相关监管部门制定了一些监管政策,加强了对数字服务的监管。在互联网医疗领域,国家卫生健康委员会颁布的《互联网诊疗管理办法(试行)》制定了诊疗活动的准入标准,明确了互联网诊疗活动的医疗机构及医务人员的执业规则,在诊疗流程、病历管理、药品处方等方面做出了详细规定。

现有的监管规则更新迭代快,但监管规则从出台到落地的过程中不仅面临着对人力、物力、财力的重大需求,还存在执行困难的情况。2015 年,英国金融监管局引入了监管科技(regulatory technology,RegTech)的概念,它旨在利用信息技术手段,帮助监管机构适应不断变化的监管规则,降低监管成本,达到监管要求。随着监管科技的发展,一系列监管系统应运而生。伦敦大学学院与英国市场行为监管局(Financial Conduct Authority,FCA)合作开发了 SmartReg 系统,使用智能合约解决了自动编写数字监管报告的问题,便于 FCA 检验金融机构的合规性。美国金融业监督局(FINRA)使用监管科技构建了集证券监察、新闻分析和市场监管于一体的 SONAR 系统。SONAR 系统通过其高效的数据处理能力、复杂的算法设计和对市场动态的深度分析,有效地辅助监管人员发现并定位潜在的内幕交易和市场异常服务行为,从而提升了市场监管的效率。现有监管系统都是聚焦于单个垂直领域构建,具有领域特定的特性,无法快速理解其他领域的监管需求,缺乏对跨领域数字服务监管体系的凝练与构建。数字服务涉及的领域越来越多,为每个领域研制单独的监管系统将变得非常繁琐且效率低下。

现有的监管规则多以自然语言文本形式呈现,对于机器而言存在理解困难、认知歧义的问题。为实现跨领域数字服务的自动监管,考虑以监管规则作为切入点,采用技术手段对监管规则进行数字化处理,将其转换为计算机可理解的语言,使机器和人能够更快速、更充分地理解监管规则,避免出现信息偏差,从而有效提升监管效率、降低监管成本。现有的可用于表述监管规则的语言包括逻辑规则建模语言、智能合约语言等,下面进行简要介绍。

1. 逻辑规则建模语言

逻辑规则建模语言使用描述性的语言来描述规则。Prolog 是一种逻辑编程语言，它建立在逻辑学的理论基础之上，能够自动分析给出的事实和规则中的逻辑关系，用于解决逻辑推理相关的问题。RuleML（rule markup language）是一种基于 XML 的规则建模语言，能够描述不同规则系统中的逻辑规则，具有良好的可扩展性。但是基于 XML 的表达形式往往非常冗杂，可读性差。本体（ontology）是一种表示特定领域知识的方法，网络本体语言（web ontology language，OWL）是一种强大的逻辑描述语言，使用面向对象的理解模型来描述领域知识。SWRL（semantic web rule language）则对 OWL 进行语义的扩展，规定了推理的规则和形式化的描述，提供了强大的演绎推理功能。这些规则建模语言主要用于描述逻辑规则，无法表达时序关系，规则适用类型比较局限。

2. 智能合约语言

智能合约是一种运行在区块链上的程序代码，常用于自动执行合约参与者间定义好的规则。现有的区块链平台中，常见的智能合约编程语言有 Solidity 和 Rust。虽然它们的适用范围广，但由于语言设计的缺陷，Solidity 存在一定的安全问题；而 Rust 虽然弥补了 Solidity 的安全与性能缺点，但其语法更难学习、编写和阅读。高健博等提出了一种面向监管的智能合约编程语言 RegLang，该语言便于监管专家将监管政策编写为数字化的监管规则。智能合约为实现自动化监管提供了一条思路，但智能合约语言的学习成本高，对技术架构的要求也高，许多区块链平台的智能合约在部署后无法修改，而数字服务监管条例迭代快，智能合约难以更新和适应新的监管规则。

现有的语言对用户的计算机专业技术知识要求高，对于监管系统也有特定的技术架构要求。而且它们往往聚焦于实现特定领域的业务逻辑，缺少对跨领域协同监管规则的共性理解。

11.1.2 服务监管语言 CDSRL

跨领域服务监管语言（cross-domain service regulation language，CDSRL）是一种面向监管的跨领域规则定义语言，旨在通过一种形式化、标准化的语言模型来抽象监管规则，统一监管信息表达，提高监管规则的可理解性，为自动化监管流程打下基础。在监管对象多样、监管规则类型复杂的情况下，CDSRL 能帮助人和机器快速、充分地理解监管规则，抓住服务监管重点，有效解决跨领域服务监管规范化定义难题。

CDSRL 对监管规则按粒度和类别进行划分，按粒度分为简单规则和复杂规则；按类别分为内容监管、行为监管、流程监管以及质量监管，不同类别的监管规则有着不同的监管重点。CDSRL 基于启发式规则提取出跨领域服务监管规则的六大共性要素：

（1）元数据（MetaData）：明确规则中的基础数据，包括实体和属性。实体是指规则中的主体成分，包括被监管对象、监管者和执行者等。属性是指实体所具备的特性，是实体的一部分，如驾驶员具有户籍、年龄等属性。

（2）实体约束（Constraint）：具体描述实体或实体属性需要满足的约束或规范，分为四大类，与规则的类别相对应，明确指出了监管的要求。

（3）监管措施（Regulatory Measure）：具体描述如何执行规则及不遵守法规可能受到的处罚。

(4)覆盖范围(Coverage):声明规则适用的实体,明确规则监管的边界。
(5)前提条件(PreCondition):描述规则执行前需要满足的一些先行条件。
(6)外部依据(External):声明规则中提到的第三方的文件、标准、指标等。

CDSRL 的基本结构如图 11-1 所示。CDSRL 编写的监管规则由三部分组成,分别是元数据代码块<MetaDataSet>、动作代码块<ActionSet>和规则代码块<Rule>。元数据代码块中定义规则中出现的实体、属性及可能存在的外部依据;动作代码块中定义规则中的动作函数;规则代码块中使用元数据代码块和动作代码块中定义的实体和动作等,通过逻辑指令定义监管规则发生的前提条件、约束条件与监管措施,部分语法定义如图 11-2 所示。

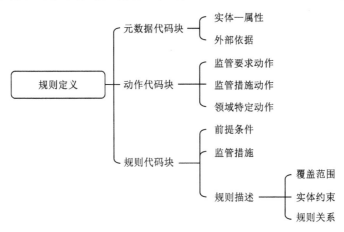

图 11-1　CDSRL 基本结构

<RuleDefinition>	::= 'RuleDefinition' 'id' <file_id> 'number_id' <number_id><MetaDataSet> <ActionSet> <Rule> 'end'	<ComplexRule>	::= 'Rule' 'id' <rule_id> 'relation' <rule_relation> <PreCondition> <RegulatoryMeasure> <ComplexDescription> 'end'
<MetaDataSet>	::= 'MetaDataSet' <Entities> <Externals> 'end'	<PreCondition>	::= 'PreCondition' <ExecutionConditions> 'end'
<Entities>	::= 'Entities' <Entity>* 'end'	<ExecutionConditions>	::= <Condition> {<LogicalOperator> <Condition>}
<Entity>	::= 'Entity' 'id' <entity_id> 'name' <name> [<Property>* 'end']	<Condition>	::=<BehaviorCondition>| <TimeCondition> | <DataCondition>
<Property>	::= 'Property' 'id' <p_id> 'name' <name> 'dataType' <DataType> ['unit' <Unit>]	<RegulatoryMeasure>	::= 'RegulatoryMeasure <ExecuteAction> 'end'
<Externals>	::= 'Externals' <External>* 'end'	<SimpleDescription>	::= [<Coverage>] <Constraints>
<External>	::= 'External' 'id' <e_id> 'name' <name> 'dataType' <DataType> ['unit' <Unit>]	<Coverage>	::= 'Coverage' (<entity_id> | [<entity_id>,<entity_id>...])
<ActionSet>	::= 'ActionSet' <Action> 'end'	<Constraints>	::= 'Constraint' <ContentConstraint> | <BehaviorConstraint> | <ProcessConstraint> | <QualityConstraint>
<Action>	::= 'Action' 'id' <action_id> 'description' <description>'action'<ActionFunc>		
<ActionFunc>	::= <BasicActionFunc> | <NormalActionFunc> | <DomainActionFunc>	<ComplexDescription>	::= 'Description' <Coverage> <Relation> 'end'
<Rule>	::= <SimpleRule> | <ComplexRule>	<Relation>	::= 'Relation' <rule_relation> <SimpleRule>+ 'end'
<SimpleRule>	::= 'Rule' 'id' <rule_id> 'type' <rule_type> 'requirement' <rule_requirement> [<PreCondition>] [<RegulatoryMeasure>] <SimpleDescription> 'end'		

图 11-2　CDSRL 部分语法定义

11.2 基于 LLM 的监管语言转换方法

人工编码语言的方式繁琐、效率低下。为实现自然语言条例到 CDSRL 的自动转化，我们构建了一种基于大语言模型的两阶段监管语言转换工具。该工具包含两个阶段，监管 GPT 训练阶段和监管语言转化阶段。

监管 GPT 通过提前构建的微调数据集，对 Chinese-LLaMa-Alpaca-2 模型进行微调而得到。在监管语言转化阶段，通过对监管 GPT 使用提示工程方法从自然语言规则中提取出规则转化信息，进而使用提示模板对信息进行整合，通过 GPT4 生成 CDSRL。

在接下来的内容中，我们将介绍数据集的构建方法以及如何使用提示工程方法来引导监管 GPT 输出。

11.2.1 数据集构建方法

为了增强大型语言模型（LLM）对监管语言生成任务的理解能力，我们构建了一系列监督式微调（SFT）数据集，数据集共分 3 大类。如表 11-1 所示，政策规则问答类型数据集增强了监管 GPT 在法律政策领域的理解能力。政策规则分类类型包含两个主要数据集，即规则识别数据集和规则分类数据集，这些数据集将规则划分为不同的类别，以便用于 CDSRL 转换过程。政策规则转换类型也包括两个数据集，即规则标准化数据集和共同元素识别数据集，它们有助于为 LLM 提供结构化的规则信息。

表 11-1　数据集类型

数据集类	具体微调数据集
政策规则问答类型	政策问答数据集
政策规则分类类型	规则识别数据集、规则分类数据集
政策规则转换类型	规则规范化数据集、共同要素识别数据集

1. 政策规则问答类型

本类型数据集包含政策规则的知识问答实例，旨在提高监管 GPT 对规则的归纳和理解能力。在数据构建过程中，我们给出了提示模板，如表 11-2 所示。通过与 GPT3.5 模型进行交互，给出法律规则，让模型提出对应的问题，并在后一轮交互中，让模型给出相应的答案，以此快速生成相应的问答数据。

表 11-2　政策规则问答类型数据构建的提示模板

提示模板	示例
提示模板 1	你是一个普通公民，当有新的法律规则公布时，你有许多不理解的地方，请你针对以下法律规则提出 10 个问题。
提示模板 2	你是一名政府官员，你需要去回答群众针对法律规则提出的问题，请你针对以下法律规则回答问题。

2. 政策规则分类类型

本类型数据集的主要任务是对所提供法律规则的文本进行分类标注。针对此类分类问题，我们通过人工标注对每个句子进行分类。在整个数据构建过程中，我们采用了多人标注法，以消除个人认知偏差对类别定义的影响。在进行分类之前，标注工作者应独立理解每个类别的定义。所有标注工作者完成分类任务后，根据多数原则确定最终分类。这种方法可以减少因认知偏差而可能造成的错误分类问题。

3. 政策规则转换类型

监管 GPT 需要根据给定的提示对内容进行规范化处理或提取规则中的关键要素，同时避免添加主观意见或改变事实。在处理大量规范性文件时，我们发现文本中的内容往往与我们要监管的关键内容关联不大。为了突出监管的核心要点，简化监管内容，我们将规则的前提条件放在句子的头部，将规则的后续行为(如处罚措施)放在句子的末尾。在整个句子的中间部分，主语和谓语成分不能缺少，既要保证句子的流畅性，又要符合原有的规定内容。因此，我们设计了规则的规范化模板结构："(前提条件,)主语谓语(宾语)(,执行和惩罚措施)"。

11.2.2 监管语言转换

本节使用提示工程方法指导监管 GPT 完成从自然语言规则到 CDSRL 的转换过程。我们将整个转换过程分为两个阶段：规则信息预处理和规则的 CDSRL 转换。图 11-3 展示了规则转换流程。

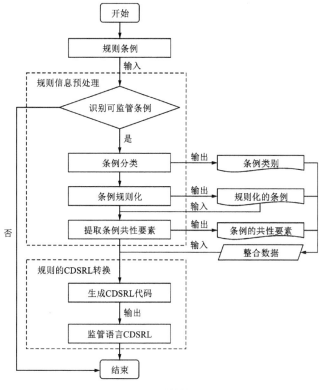

图 11-3 规则转换流程图

1. 规则信息预处理阶段

阅读大量政策文本内容后可以发现，自然语言政策文件规则中的部分约束条件要求难以通过相应数据进行自动化监管。在此定义，"可监管条例"是能基于接入的监管数据对规则中描述的实体约束进行自动化监管的规则条例。在规则信息预处理阶段通过与微调好的监管GPT进行交互，识别出可监管条例，按照条例的监管重点类别对条例进行分类，并规范化条例，以提取条例中的共性要素，完成对规则信息的预处理。

2. 规则的 CDSRL 转换

要想最大程度利用 GPT4 强大的自然语言能力，需要为 GPT4 提供优质的提示语句。本阶段通过以下 3 种提示策略，使用高质量的提示语句引导 GPT4 生成 CDSRL 语言，实现自然语言到监管语言的自动转换。提示语句模板如表 11-3 所示。

（1）提示策略一：设定模型身份。通过给模型分配角色以及背景信息，帮助模型更好地理解问题，给出更准确的答案。我们设定模型身份为经验丰富的语言转换专家，给定任务要求。

（2）提示策略二：提供输入知识和输出格式。通过明确清晰的知识输入和具体详细的输出格式，让模型理解 CDSRL 语言的具体结构格式要求，同时清晰描述各个共性要素的信息以及各种辅助转化信息。

（3）提示策略三：多范例提示。通过为大模型展示范例，从而更形象地表现任务需求。由于在转化过程中，对不同类别的条例有不同的监管语言描述结构，因此提供了多种监管重点类别的监管语言范例。

表 11-3 提示策略的提示语句模板

提示策略	提示语句模板
提示策略 1	作为一名经验丰富的语言转换专家，您的任务是将自然语言法规文本转换为 CDSRL。我将向您提供有关法规语言的代码结构及其句法结构中所需的常见元素的信息。此外，我还会提供一些有助于转换的信息，如法规文本和法规类别
提示策略 2	以下是我提供的信息：[监管语言代码结构]、[共性要素信息]、[条例文本]、[条例类别类型]。请你根据以上提供的信息将自然语言的条例文本转化成上述监管语言代码
提示策略 3	这是内容监管和行为监管的转换示例。 [自然语言规则]：驾驶机动车不得有下列行为：（一）连续驾驶机动车超过 4 小时未停车休息或者停车休息时间少于 20 分钟。（二）在禁止鸣喇叭的区域或者路段鸣喇叭。 [CDSRL 规则]：如图 11-4 所示 图 11-4 所示是一个流程监管的条例转化示例。 [此表省略该转化示例]

```
RuleDefinition id "0001" number_id "5"
    MetaDataSet
        Entities
            Entity id "Car" name "Motor Vehicle"
                Property id "Position" name "Vehicle Position" dataType string
            end
            Entity id "Driver" name "Car Driver"
                Property id "ContinuousDrivingTime" name "Continuous driving time"
                    dataType time unit "hour"
                Property id "ParkingTime" name "Parking break time" dataType time unit "hour"
            end
        end
    end
    ActionSet
        Action id "Honk" name "No honking" action traffic_action("honk", Driver, Car.Position)
    end
    Rule id "CarManageRequirements" relation "or"
        Description
            Coverage [Driver, Car]
            Relation "or"
                Rule id "FatigueDrivingBehavior" type "content" requirement "forbidden"
                    Constraint Driver.ContinuousDrivingTime >= 4 hour
                                || (Driver.ContinuousDrivingTime < 4 hour
                                && Driver.ParkingRestTime < 20 min )
                end
                Rule id "FatigueDrivingBehavior" type "behavior" requirement "forbidden"
                    Constraint action "Honk"
                end
            end
        end
end
```

图 11-4 条例转化示例

11.3 本章小结

本章详细阐述了智能服务监管领域的研究动机、采用的技术方法、研究成果以及所提出的创新性方案。首先，本章着重讨论了数字服务监管现状面临的挑战和问题。尽管目前的监管系统在解决跨领域问题和自然语言规则理解方面存在难题，但通过定义跨领域服务监管语言 CDSRL，并提出基于大语言模型的监管语言转换方法，为解决这些问题提供了可能。其次，本章具体介绍了跨领域服务监管语言的语法结构和信息要素，并通过微调数据集对大语言模型进行微调训练，构建监管 GPT，以增强其对监管规则转化任务的理解。同时本章通过采用提示工程方法使用监管 GPT，实现了从自然语言规则中提取监管规则转换信息，进而生成跨领域服务监管语言。

参考文献

[1] 石勇. 数字经济的发展与未来[J]. 中国科学院院刊, 2022, 37(1): 78-87.
[2] LYNN T, MOONEY J G, ROSATI P, et al. Disrupting finance: FinTech and strategy in the 21st century [M]. Birlin: Springer Nature, 2019.
[3] 何海锋, 银丹妮, 刘元兴. 监管科技(Suptech): 内涵、运用与发展趋势研究[J]. 金融监管研究, 2018, 10: 65-79.

[4] CLOCKSIN W F, Mellish C S. Programming in Prolog[M]. Birlin: Springer Science & Business Media, 2003.

[5] BOLEY H, PASCHKE A, SHAFIQ O. RuleML 1.0: the overarching specification of web rules[C]//International Workshop on Rules and Rule Markup Languages for the Semantic Web. Berlin, Heidelberg: Springer, 2010: 162-178.

[6] HITZLER P. A review of the semantic webfield[J]. Communications of the ACM, 2021, 64(2): 76-83.

[7] ELSTERMANN M, WOLSKI A, FLEISCHMANN A, et al. The combined use of the web ontology language (OWL) and abstract state machines (ASM) for the definition of a specification language for businessprocesses[M]. Logic, Computation and Rigorous Methods. Charm: Springer, 2021: 283-300.

[8] CHOUDHURY O, RUDOLPH N, SYLLA I, et al. Auto-generation of smart contracts from domain-specific ontologies and semantic rules[C]//2018 IEEE International Conference on Internet of Things (iThings) and IEEE Green Computing and Communications (GreenCom) and IEEE Cyber, Physical and Social Computing (CPSCom) and IEEE Smart Data (SmartData). July 30-August 3, 2018. Halifax, NS, Canada. IEEE, 2018: 963-970.

[9] ZOU W, LO D, KOCHHAR P S, et al. Smart contract development: Challenges and opportunities[J]. IEEE Transactions on Software Engineering, 2019, 47(10): 2084-2106.

[10] CRAFA S, DI PIRRO M, ZUCCA E. Is solidity solid enough?[C]//Financial Cryptography and Data Security: FC 2019 International Workshops, VOTING and WTSC, St. Kitts, St. Kitts and Nevis, February 18-22, 2019, Revised Selected Papers 23. Springer International Publishing, 2020: 138-153.

[11] 高健博, 张家硕, 李青山, 等. RegLang: 一种面向监管的智能合约编程语言[J]. 计算机科学, 2022, 49(s1): 462-468.

第 12 章　服务监管数据隐私保护

12.1　引言

12.1.1　问题概述

随着数字技术的飞速发展，数字服务已经贯穿交通、医疗、教育和金融等日常领域，成为社会运行不可或缺的一部分。在数字经济发展与智慧城市建设背景下，政府也逐渐运用数字资源开展经济社会治理和服务监管，这给个人和企业敏感数据的安全收集、处理和存储，以及用户隐私权的保护，带来了巨大的风险和挑战。因此，在开展数字治理和服务监管过程中，对隐私数据开展有效的保护，是服务监管平台面向公众的一个重要保障。

数字服务监管隐私保护是指通过采取必要措施确保服务过程中隐私数据处于有效保护和合法利用的状态，以及具备保障隐私持续安全状态的能力。服务隐私保护应保证隐私数据在生产、存储、传输、访问、使用、销毁、公开等全过程的安全，并保证隐私数据处理过程的保密性、完整性、可用性。此外，还应当对公开隐私数据的关联关系进行异构处理，例如个人姓名、联系方式、车辆登记、社交媒体等。尽管这些数据都是非实体隐含数据，但往往涉及个人隐私，甚至可能造成实时定位泄露等公共安全问题。

随着数据的爆炸式增长，对所有服务监管数据进行加密会耗费大量的计算资源，根据数据的价值、内容的敏感程度、影响和分发范围不同对数据进行敏感等级划分，运用敏感等级差异化的数据加密策略不仅能够有效保证数据安全与满足隐私保护的需求，也能有效节约计算资源。国家标准计划《数据安全技术　数据分类分级规则》中根据数据在经济社会发展中的重要程度，以及数据一旦遭到泄露、篡改、损毁或者非法获取、非法使用、非法共享，对国家安全、经济运行、社会秩序、公共利益、组织权益、个人权益造成的危害程度，将数据从高到低分为核心数据、重要数据、一般数据三个级别。根据数据一旦遭到泄露、篡改、损毁或者非法获取、非法使用、非法共享，可能造成的影响将程度从高到低可分为特别严重危害、严重危害、一般危害三个等级。对不同影响对象进行影响程度判断时，采取的基准不同。如果影响对象是国家安全、经济运行、社会秩序或公共利益，则以国家、社会或行业领域的整体利益作为判断影响程度的基准。如果影响对象仅是组织或个人权益，则以组织或公民个人的权益作为判断影响程度的基准。

然而，现有的服务监管隐私保护框架存在接入方法中数据访问权限不清晰、无法对多种模态的数据进行加密保护，以及服务与监管平台交互难追溯等问题，亟须更先进有效的隐私保护框架来为服务监管数据提供更强有力的保障。

12.1.2　相关技术

在数字服务监管过程中有许多技术可用于隐私保护，下面将介绍几种可用于服务隐私保护的技术，主要包括区块链技术、数据加密技术和访问控制技术。

1. 区块链技术

区块链技术基于其去中心化结构、不可篡改性和加密技术，在隐私保护上展现出独特优势。这项技术利用复杂的密码学算法、共识机制、点对点传输技术等建立一个分布式账本系统。它的核心特性包括每个区块通过加密哈希值与前一个区块连接的唯一连接方式，确保了数据的真实性和不变性，意味着任何试图更改链中既存信息的行为都将被轻易发现。区块链还通过智能合约等先进技术实现数据的可验证性和交易的透明性，为隐私保护提供了强大支撑。

2. 数据加密技术

数据加密技术通过运用加密算法及密钥管理将明文信息转化为密文，保证信息在存储与传输过程中的安全性。它包括数据匿名化、对称加密与非对称加密等多种形式。对称加密依靠同一密钥进行加密和解密，而非对称加密则使用一对公钥和私钥。属性加密通过绑定用户身份与属性实现细粒度访问控制。

3. 访问控制技术

访问控制技术通过识别、认证和授权机制控制用户对系统资源的访问，确保仅授权用户能够访问敏感信息。它的模型包括自主访问控制（discretionary access control，DAC）、强制访问控制（mandatory access control，MAC）、基于角色的访问控制（role-based access control，RBAC）以及基于属性的访问控制（attribute-based access control，ABAC）。这项技术可以有效防止数据泄露和未授权访问，对维护信息系统的完整性与保密性至关重要。

12.2　相关工作

在隐私保护方面，研究者和专家们已经提出了多种技术方案和模型，以改进数据安全和用户隐私的保护机制。

Zyskind 等人开发的基于区块链的数据存储与访问控制系统，通过将加密的数据和访问权限信息存储于区块链上，实现了对数据细粒度的访问控制，从而更好地保障了用户对自己数据的控制权。Dorri 等人在其研究中探讨了基于区块链的智能家居系统，提出了一个轻量级、去中心化的解决方案，用以提高数据安全性和隐私保护，同时降低了系统的开销。Li 等人研究了一个基于区块链的匿名认证系统，该系统支持可验证的匿名用户身份认证，有效保护用户隐私，同时防止身份盗窃和假冒。这些研究表明区块链技术不仅可用于加密货币和金融交易，也可以扩展到广泛的隐私保护应用中。刘文杰等人基于区块链的模型提出了去中心化的个人数据管理技术，这种方法通过利用区块链的去中心化和不可篡改特性，显著提高了个人数据的安全性和隐私保护，有效降低了数据泄露的风险。Hiroyuki Sato 等人也设计了完全去中心化的数据共享系统。该系统利用分布式技术，在区块链上实现安全的数据存储和共享，旨在提高数据处理的效率和安全性。

在数据加密方面，Boneh等人提出了基于身份的加密方法（identity-based encryption，IBE），这种方法允许用户直接使用可识别的信息（如电子邮件地址）作为公钥进行加密，从而简化了公钥管理的复杂性。这种加密技术在简化用户体验的同时，还能保证传输的数据不被未授权的第三方窃取。薛庆水等人将属性加密与可搜索加密技术结合起来，为医疗云系统中的数据安全共享提供了有效的解决方案。这些技术的进步不仅促进了数据安全共享的实现，还增强了数据存储系统的隐私保护能力。曹来成等人通过引入可信第三方，利用属性加密方案在云服务中实现数据的隐私保护。Xiong等人提出了一种面向组的ABE模型，以满足一对多数据共享中的隐私保护需求。该方案使用CP-ABE加密数据，并通过在将加密数据上传到云之前完全隐藏访问策略来保护授权接收者的属性不被暴露，从而实现服务隐私保护。

在云存储和数据访问控制方面，有诸多创新性的研究为隐私保护提供了新的视角。Hu等人提出了一个基于属性的访问控制系统（ABAC），该系统通过定义一组访问规则，根据用户的属性来授予或拒绝对资源的访问权限。这样的系统不仅提高了访问控制的灵活性，还加强了隐私保护，因为它允许细粒度控制哪些用户可以访问特定的信息。Han等人将基于角色的访问控制（RBAC）模型和基于属性的访问控制（ABAC）模型相结合，利用ABAC模型的灵活性实现了权限的细粒度和动态管理，同时利用RBAC模型简化了整个系统的权限管理。

这些研究工作不仅凸显出隐私保护技术在不断进步和发展，也展示了信息安全领域不断探索和创新的态势。

12.3 融合云存储和区块链的服务监管数据隐私保护框架

12.3.1 方案概述

针对现有服务监管数据接入方法存在的数据访问权限不清晰、服务与监管平台交互难追溯的问题，我们构建了支持隐私安全的监管数据接入规范，并在此基础上，提出了融合区块链和云存储的服务监管数据隐私保护框架，如图12-1所示。该保护框架旨在为多模态多源异构的服务监管数据提供有效的身份验证、数据确权、数据访问追溯、数据加密存储与传输等隐私安全保障。

接下来主要从监管数据接入规范、监管数据加密与存储，以及监管数据访问控制与链上存证三个方面展开对融合区块链和云存储的服务监管数据隐私保护框架的介绍。

12.3.2 监管数据接入规范

监管数据接入是政府或监管机构为了执行法律监督、公共服务改进、政策制定而访问和分析企业数据的过程。数据接入规范是双方进行数据互联互通的基础。

数据接入的总体模型如图12-2所示。数据安全接入过程由元数据管理、数据目录管理、接口管理、认证与鉴权、数据对接管理及数据安全管理等过程组成。交互双方分为数据提供方和数据获取方。由数据提供方对自有的数据进行规范化和标准化管理，实现对数据的准确

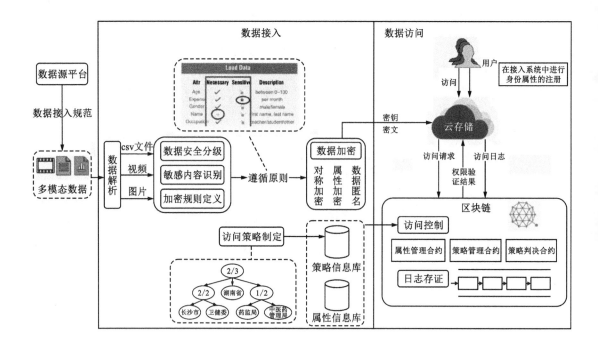

图 12-1 融合区块链和云存储的监管数据隐私保护框架

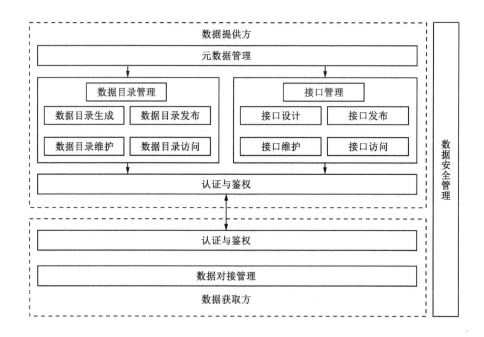

图 12-2 数据接入的总体模型

描述，确保数据获取方能够快速识别数据字段的含义，并将已进行标准化处理的数据编制成数据目录，在数据接入的全流程管理数据目录，并维护数据访问的接口。双方在数据交互过程中通过身份认证与权限验证保证数据的安全传输。双方在数据产生、存储、传输、应用全过程中，应该对数据制定安全策略，保障数据安全。数据获取方对接时，应使用数字证书等形式，确保传输信息的准确性、完整性和防篡改性，实现数据信息可记录、可追溯。

基于数据接入总体模型，我们为数据服务监管平台定义了一套数据接入规范的文档说明，除了明确数据接入的标准流程和要求，还要使用统一的数据格式和编码标准，提高数据的互操作性和可用性。数据提供方需严格按照该规范统一处理数据，以实现接入数据的标准化采集和安全传输。图 12-3 展示了基于服务监管数据接入规范处理的数据样例。

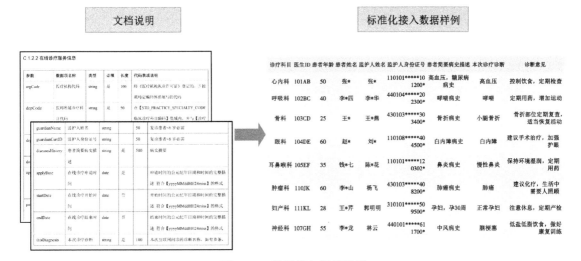

图 12-3　数据接入规范示例

12.3.3　监管数据加密与存储

在接入数据时，为了保证数据的安全存储和访问，通常将数据加密存储于云服务器，避免云上明文存储带来的隐私泄漏风险。考虑到数据多模态多源异构的特点，以及加解密效率问题，我们在加密之前根据数据的来源、类型和特点，参考相关领域的安全标准，对数据进行安全分类分级。根据数据的特点与安全性要求分配不同的加密策略。例如，对称加密通常应用在数据安全传输以及大型文件或数据库加密的场景下，不仅可以保证数据在传输过程中不被窃听或篡改，还能有效保护高敏感（如金融信息等）数据免遭未授权访问。

在我们的数据保护方案中，以高敏感文件数据为例，我们采用对称加密算法（AES）加密原始文件，采用基于密文策略的属性加密算法（CP-ABE）来加密对称密钥，从而实现加密文件的细粒度访问控制，如图 12-4 所示。这一方案中包含两个密钥：一个是用于加密文件的对称密钥，由用户在密钥空间随机生成；另一个是加密对称密钥的属性密钥，由系统公共参数和访问策略作为输入生成。最后，将密钥密文以及文件密文上传到云存储中进行保存。

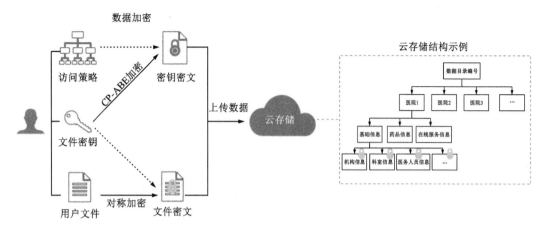

图 12-4 基于 AES 和 CP-ABE 的监管数据加密

12.3.4 基于属性的服务访问控制和链上存证

访问控制能够确保只有授权用户访问特定的敏感数据,在本阶段我们为设计区块链智能合约进行访问控制,利用区块链不可篡改的特性形成日志存证。

具体来说,由数据拥有者设定访问策略,保证只有属性集符合访问策略的请求者才能够访问和解密数据,当请求者进行访问操作时,无论是否通过身份与权限验证,都会形成日志进行存证。属性集和访问策略都会预先构建好并存储到链下的属性及策略信息库中,由各种智能合约进行管理、交互和访问验证操作。基于区块链的访问控制和存证的流程如图 12-5 所示,其具体实现步骤如下:

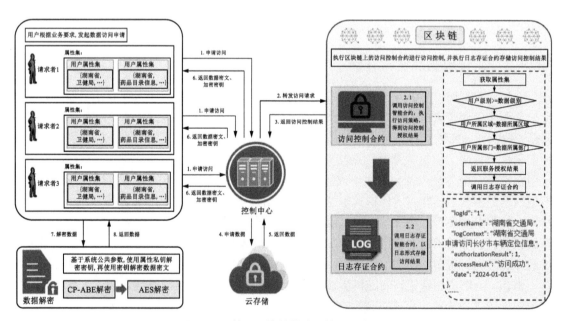

图 12-5 基于区块链的访问控制和存证

(1)用户根据数据需求向控制中心发起访问申请服务,发送包含用户属性集和数据属性集的访问申请属性集。

(2)控制中心接收到访问申请后,进行身份验证,验证通过后转发访问请求到区块链。区块链接收到访问请求后调用访问控制智能合约,执行访问控制策略。通过对比用户和数据的等级、所属区域、所属部门等属性来获取访问控制结果。同时区块链调用日志存证智能合约,以日志形式将访问控制结果存证在区块链上。

(3)区块链将访问控制结果返回给控制中心。

(4)控制中心接收到访问控制结果后,若访问控制结果为成功,向云存储请求数据密文与加密密钥;否则,返回访问失败的结果。

(5)若访问成功,云存储返回数据密文与加密密钥给控制中心,控制中心将数据密文与加密密钥转发给用户。

(6)用户根据返回的加密数据和加密密钥,调用相应的解密方法,使用属性私钥解密加密的对称加密密钥,得到对称加密密钥的明文,并使用密钥解密云存储返回的加密数据得到访问数据明文。

12.4 本章小结

本章首先讨论了服务监管平台面向公众的挑战,强调了在数字服务监管过程中保护用户隐私数据的重要性和必要性,介绍了服务监管数据隐私保护的基础和相关技术,进而提出了当前服务监管隐私保护框架存在的问题。其次,总结了数据隐私保护框架方面的相关工作。最后,从方案概述、服务监管数据接入规范、监管数据的加密与云存储和基于区块链的监管数据访问控制与存证四个方面详细介绍了所提出的融合云存储与区块链的服务监管数据隐私保护框架。本章的内容为读者提供了服务隐私保护的基础知识和实现框架,同时提出了一种先进有效的隐私保护框架供读者深化对该领域的理解和应用。

参考文献

[1] ZYSKIND G, NATHAN O. Decentralizing privacy: Using blockchain to protect personal data[C]//2015 IEEE Security and Privacy Workshops. May 21-22, 2015. San Jose, CA. IEEE, 2015: 180-184.

[2] DORRI A, KANHERE S S, JURDAK R. Blockchain in internet of things: challenges andsolutions[EB/OL]. 1608.05187. http://arxiv.org/abs/1608.05187vl.

[3] LI Z T, KANG J W, YU R, et al. Consortium blockchain for secure energy trading in industrial internet ofthings [J]. IEEE Transactions on Industrial Informatics, 2017, 14(8): 3690-3700.

[4] 刘文杰,刘保汛,刘亚军. 基于区块链技术保护个人数据[J]. 科技资讯, 2018, 16(9): 23-25.

[5] LI G, SATO H. A privacy-preserving and fully decentralized storage and sharing system on blockchain[C]// 2019 IEEE 43rd Annual Computer Software and Applications Conference (COMPSAC). July 15-19. 2019. Milwaukee, WI, USA. IEEE, 2019, 2: 694-699.

[6] BONEH D, FRANKLIN M. Identity-based encryption from the Weil pairing[C]//Annual international cryptology conference. Berlin, Heidelberg: Springer Berlin Heidelberg, 2001: 213-229.

［7］薛庆水,时雪磊,王俊华,等.基于属性加密的个人医疗数据共享方案[J].计算机应用研究,2023,40(2):589-594,600.

［8］曹来成,刘宇飞,董晓晔,等.基于属性加密的用户隐私保护云存储方案[J].清华大学学报(自然科学版),2018,58(2):150-156.

［9］XIONG H, ZHAO Y N, PENG L, et al. Partially policy-hidden attribute-based broadcast encryption with secure delegation in edgecomputing[J]. Future Generation Computer Systems, 2019, 97: 453-461.

［10］HU V C, KUHN D R, FERRAIOLO D F, et al. Attribute-based accesscontrol[J]. Computer, 2015, 48(2): 85-88.

［11］LI J T, HAN D Z, WU Z D, et al. A novel system for medical equipment supply chain traceability based on alliance chain and attribute and role accesscontrol[J]. Future Generation Computer Systems, 2023, 142: 195-211.